职业院校技能图解系列教材

铣工技能图解

主 编 王 兵
副主编 汪丽华 廖 斌
参 编 曾 艳 龚元琼 周少玉
　　　 段红云 彭庆红

电子工业出版社

Publishing House of Electronics Industry
北京·BEIJING

内 容 简 介

本书根据职业技能要求，按照活动任务模式编写，其内容包括：铣床的基本操作，铣削常用工、量和刀具，平面和连接面的铣削，台阶、直角沟槽的铣削与切断，特形沟槽的铣削，万能分度头及其使用方法，以及花键轴的铣削和刻线。本书重点突出基本操作能力的培养和基本知识的学习，在操作过程中培养学生分析加工工艺的能力，使教学方式最优化，教学效果最大化。

本书可作为各类职业院校机电类及工程技术类相关专业教材，也可作为培训机构和企业员工自学用书，还可作为劳动力转移培训用书。

本书还配有电子教学参考资料包，详见前言。

未经许可，不得以任何方式复制或抄袭本书之部分或全部内容。
版权所有，侵权必究。

图书在版编目（CIP）数据

铣工技能图解 / 王兵主编. —北京：电子工业出版社，2011.6
职业院校技能图解系列教材
ISBN 978-7-121-13496-8

Ⅰ. ①铣… Ⅱ. ①王… Ⅲ. ①铣削—中等专业学校—教材 Ⅳ. ①TG54

中国版本图书馆 CIP 数据核字（2011）第 084534 号

策划编辑：白　楠
责任编辑：白　楠　　特约编辑：王　纲
印　　刷：北京虎彩文化传播有限公司
装　　订：北京虎彩文化传播有限公司
出版发行：电子工业出版社
　　　　　北京市海淀区万寿路 173 信箱　邮编　100036
开　　本：787×1 092　1/16　印张：13.5　字数：345.6 千字
版　　次：2011 年 6 月第 1 版
印　　次：2024 年 9 月第 9 次印刷
定　　价：27.00 元

凡所购买电子工业出版社图书有缺损问题，请向购买书店调换。若书店售缺，请与本社发行部联系，联系及邮购电话：（010）88254888，88258888。
质量投诉请发邮件至 zlts@phei.com.cn，盗版侵权举报请发邮件至 dbqq@phei.com.cn。
本书咨询联系方式：（010）88254583，zling@phei.com.cn。

前　言

随着科学技术的迅速发展，对技能型人才的要求也越来越高。对于培养技能型人才的职业院校，原来的教学模式及教材已不能完全适应现今的教学要求。为贯彻《国务院关于大力发展职业教育的决定》精神，落实职业院校"工学结合、校企结合"的新教学模式，满足培养 21 世纪技能型人才的需要，本教材紧紧围绕职业教育的培养目标，遵循职业教育规律，在课程结构、教学内容、教学方法等方面进行了改革创新，以企业用人标准为依据，遵从"淡化理论、够用为度"的指导思想，兼顾职业技术院校学生的认知能力。

本书重点介绍铣工操作步骤和方法，突出铣工职业能力的培养，以图表为主要编写形式，大量采用立体实物图对操作过程进行剖析，深入浅出地讲解铣工的技术知识，满足不同基础读者的需求。在结构体系的安排上，本书从职业活动的需要出发来组织教学内容，增强了适用性，使本书的使用更加方便、灵活；在专业知识内容上，本书采用最新的国家标准，介绍了新知识、新技术、新工艺和新方法，力求反映机械行业发展的现状与趋势，摒弃了繁、难、旧等理论知识，进一步加强了技能方面的训练；另外，本书中的活动多以某一能力或技能为主线，把专业知识和专业技能有机地融为一体，每个活动几乎都是以"问题为中心"展开的，并强调由浅入深、师生互动和学生自主学习，使学生对相关技能的操作过程有更直观、清晰的认识。

本书由荆州市高级技工学校王兵主编，参加编写的还有汪丽华（湖北省机械工业学校）、廖斌（黄石职业技术学院）、曾艳（荆州市劳动中专）、龚元琼（荆州技师学院）、周少玉（荆州市劳动中专）、段红云（荆州市高级技工学校）和彭庆红（荆州技师学院）。

由于编者水平有限，书中不妥之处在所难免，敬请广大读者批评指正。

为了方便教师教学，本书还配有电子教学参考资料包，请有需要的读者登录华信教育资源网（www.hxedu.com.cn）注册后免费下载，有问题请联系电子工业出版社（hxedu@phei.com.cn）。

编　者
2011 年 4 月

目　　录

项目一　铣床的基本操作 1
　　活动一　认识铣床 1
　　活动二　铣床的基本操作 9
　　活动三　铣床的维护保养 19
项目二　铣削用工、量和刀具 30
　　活动一　铣削用工具 30
　　活动二　工件的一般装夹 36
　　活动三　铣削用量具 43
　　活动四　铣削用刀具 53
项目三　平面和连接面的铣削 66
　　活动一　平面的铣削 66
　　活动二　平行面和垂直面的铣削 76
　　活动三　平面的高速铣削 85
　　活动四　斜面的铣削 92
项目四　台阶、直角沟槽的铣削与切断 100
　　活动一　台阶的铣削 100
　　活动二　直角沟槽的铣削 109
　　活动三　轴上键槽的铣削 116
　　活动四　切断与窄槽的铣削 130
项目五　特形沟槽的铣削 139
　　活动一　V形槽的铣削 139
　　活动二　T形槽的铣削 148
　　活动三　燕尾槽的铣削 154
　　活动四　半圆键槽的铣削 161
项目六　万能分度头及其使用方法 167
　　活动一　认识万能分度头 167
　　活动二　用万能分度头及其附件装夹工件 173
　　活动三　用简单分度法加工多面体 177
项目七　花键轴的铣削和刻线 187
　　活动一　花键轴的铣削 187
　　活动二　刻线 199
参考文献 209

项目一 铣床的基本操作

铣削加工是金属切削加工的重要工艺之一。铣削是在铣床上以铣刀作主运动,工件或铣刀作进给运动的切削加工方法。铣床是机械制造业的重要设备,其生产效率高,加工范围广,是目前机械制造业中广泛采用的工作母机之一。

活动一 认识铣床

技能活动目标

1. 了解常用铣床的种类。
2. 掌握铣床型号的表示方法。
3. 掌握 X6132 型卧式万能升降台铣床的主要结构及功能。

技能活动内容

一、常用铣床

铣床的种类很多,常用铣床见表 1-1。

表 1-1 常用铣床

铣床名称	外形结构	功能说明
卧式升降台铣床		铣床主轴与工作台面平行,有沿床身垂直运动的升降台,工作台可随升降台上下垂直运动,并在升降台上作纵、横向运动。这种铣床使用灵活,适用于加工中、小型工件

续表

铣床名称	外形结构	功能说明
立式升降台铣床		铣床主轴与工作台面垂直，其工作台可作纵向、横向和垂向进给。适用于加工中、小型工件的平面、沟槽、螺旋槽或成形面等
万能工具铣床		有水平主轴和垂直主轴，工作台可作纵向和垂向运动，横向运动由主轴体实现。这种铣床能完成多种铣削，用途广泛，特别适用于加工各种夹具、刀具、工具、模具和小型复杂工件
龙门铣床		这种铣床属于大型铣床，其铣削动力装置安装在龙门导轨上，有垂直主轴箱和水平主轴箱，可作横向和升降运动，工作台直接安置在床身上，主要用于加工重型工件
仿形铣床		这类铣床一般都具有独特的描摹装置和液压描摹系统，一次设定工作，省时省力，工作速度快、效率高。适用于加工各种复杂形面的工件
数控铣床		这种铣床采用电子计算机数字化指令控制铣床各部件的动作，其自动化程度高，用于加工形状复杂、精度要求较高的工件

二、铣床的型号

铣床的型号不仅是一个代号，而且能表示出机床的名称、主要技术参数、性能和结构特点，X6132型铣床型号中各代号的含义如下：

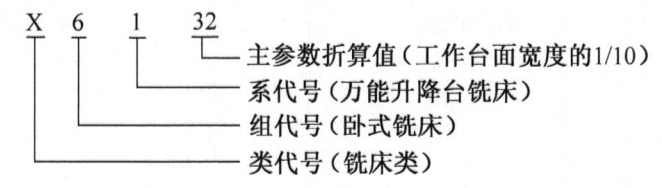

```
X 6 1 32
        └── 主参数折算值（工作台面宽度的1/10）
      └──── 系代号（万能升降台铣床）
    └────── 组代号（卧式铣床）
  └──────── 类代号（铣床类）
```

1. 理解"X"

X6132中的"X"是机床类别代号。类别代号以机床名称第一个字的汉语拼音的第一个字母的大写来表示，如"Z"代表钻床等。按照机床的工作原理、结构特性及使用范围，将机床分为11类，见表1-2。

表1-2 机床类别代号

类别	车床	钻床	镗床	磨床	齿轮加工机床	螺纹加工机床	铣床	刨插床	拉床	锯床	其他机床
代号	C	Z	T	M	Y	S	X	B	L	G	Q

2. 理解"6"和"1"

X6132中的"6"和"1"分别为机床组、系别代号。机床的组、系别代号用数字表示，每类机床按用途、性能、结构或有派生关系分为若干组。每类机床分为10个组，每组分为10个系。常用铣床的"组"、"系"代号和名称见表1-3。

表1-3 常用铣床的"组"、"系"代号和名称（部分）

组		系		组		系	
代号	名称	代号	名称	代号	名称	代号	名称
2	龙门铣床	0	龙门铣床	5	立式升降台铣床	0	立式升降台铣床
		1	龙门镗铣床			1	立式升降台镗铣床
		2	龙门磨铣床			2	摇臂铣床
		3	定梁龙门铣床			3	万能摇臂铣床
		4	定梁龙门镗铣床			4	摇臂镗铣床
		5				5	转塔升降台铣床
		6	龙门移动铣床			6	立式滑枕升降台铣床
		7	定梁龙门移动铣床			7	万能滑枕升降台铣床
		8	落地龙门镗铣床			8	圆弧铣床
		9				9	
6	卧式升降台铣床	0	卧式升降台铣床	8	工具铣床		
		1	万能升降台铣床				
		2	万能回转头铣床				
		3	万能摇臂铣床				

续表

组		系		组		系	
代号	名称	代号	名称	代号	名称	代号	名称
6	卧式升降台铣床	4	卧式回转头铣床	8	工具铣床	0	万能工具铣床
		5	广用万能铣床			1	
		6	卧式滑枕升降台铣床			2	
		7				3	钻床铣床
		8				4	
		9				5	立铣刀槽铣床
						6	
						7	
						8	
						9	

3. 理解"32"

32 是铣床主参数折算值，位于系代号之后。折算值大于 1，则取整数，前面不加"0"；折算值小于 1，则取小数点后第一位数，并在前面加"0"。

三、铣床的结构与传动系统

如图 1-1 所示是 X6132 型卧式万能升降台铣床。

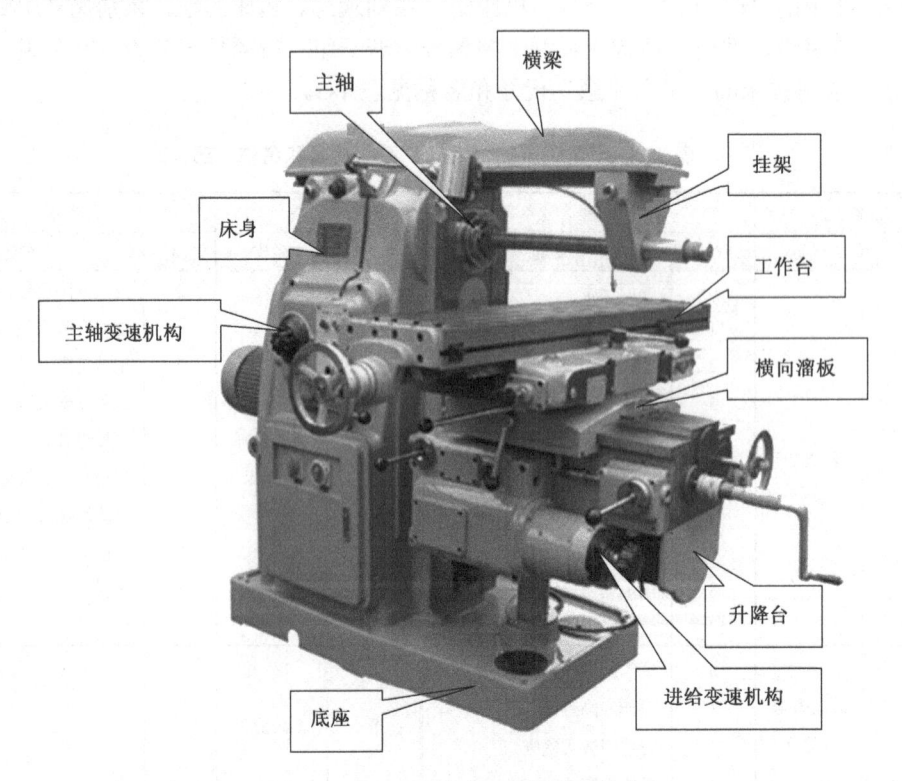

图 1-1 X6132 型卧式万能升降台铣床

1. 铣床的主要技术参数

工作台工作面积（宽×长）	320mm×1250mm
工作台最大回转角度	±45°
工作台最大行程：	
纵向（手动/机动）	700mm/680mm
横向（手动/机动）	25mm/240mm
垂向（升降）（手动/机动）	320mm/300mm
主轴轴线至工作台台面间距离：	
最大	350mm
最小	30mm
主轴锥孔锥度	7:24
主轴轴线至横梁底面距离	155mm
床身垂直导轨面至工作台中心的距离：	
最大	470mm
最小	215mm
主轴转速	18 级
工作台进给速度：	
纵向（18 级）	23.5～1180mm/min
横向（18 级）	23.5～1180mm/min
垂向（18 级）	8～394mm/min
工作台快速移动速度：	
纵向	2300mm/min
横向	2300mm/min
垂向	770mm/min
主电动机功率	7.5kW
主电动机转速	1450rpm
电动机总功率	9.125kW
机床工作精度：	
加工表面的平面度	0.02mm
加工表面的平行度	0.03mm
加工表面的垂直度	0.02mm/100mm
加工表面的表面粗糙度 R_a 值	1.6μm

2. 铣床主要组成部分

铣床主要组成部分的作用见表 1-4。

表1-4 铣床主要组成部分的作用

主要部分	图解	特性说明
主轴变速机构		机构安装在床身内,其功用是将主电动机的额定转速通过齿轮变速,变成18种不同转速,传递给主轴,以适应铣削的需要
床身		机床的主体,用来安装和连接机床其他部件。床身正面有垂直导轨,可引导升降台上、下移动。床身顶部有燕尾形水平导轨,用以安装横梁并按需要引导横梁水平移动。床身内部装有主轴和主轴变速机构
横梁		可沿床身顶部燕尾形导轨移动,并可按需要调节其伸出长度。其上可安装挂梁
主轴		主轴是一前端带锥孔的空心轴,锥孔的锥度为7:24,用来安装铣刀刀杆和铣刀。主电动机输出的回转运动,经主轴变速机构驱动主轴连同铣刀一起回转,实现主运动
挂架		用以支承刀架的外端,增加刀杆刚性
工作台		用以安装要用的铣床夹具和工件,带动工件实现纵向进给运动

续表

主要部分	图　解	特性说明
横向溜板		用来带动工件，实现横向进给运动。横向溜板与工作台之间设有回转盘，可以使工作台在水平面内作±45°范围内的扳转
升降台		用来支承横向溜板和工作台，带动工作台上、下移动。升降台内部装有进给电动机和进给变速机构
进给变速机构		用来调整和变换工作台进给速度，以适应铣削的需要
底座		用来支持床身，承受铣床全部重量，盛贮切削液

3．铣床的传动系统

如图 1-2 所示是 X6132 型万能升降台铣床的传动系统图。它由主运动传动系统和进给运动传动系统组成。

铣床的传动分为主运动和进给运动。主运动由主电动机（7.5kW，1450rpm）开始，通过ϕ150、ϕ290 的带轮传动至轴Ⅱ，再由轴Ⅱ—Ⅲ间和轴Ⅲ—Ⅳ间两组三联滑移齿轮变速组以及轴Ⅳ—Ⅴ间双联滑移齿轮变速组，使主轴获得 18 级转速。主轴的旋转方向由电动机改变正、反转而得以改变。主轴的制动由安装在轴Ⅱ上的电磁制动器 M 控制。进给运动由电动机（1.5kW，1410rpm）开始。该机床的工作台可作纵向、横向和垂直三个方向的进给运动，以及快速移动。

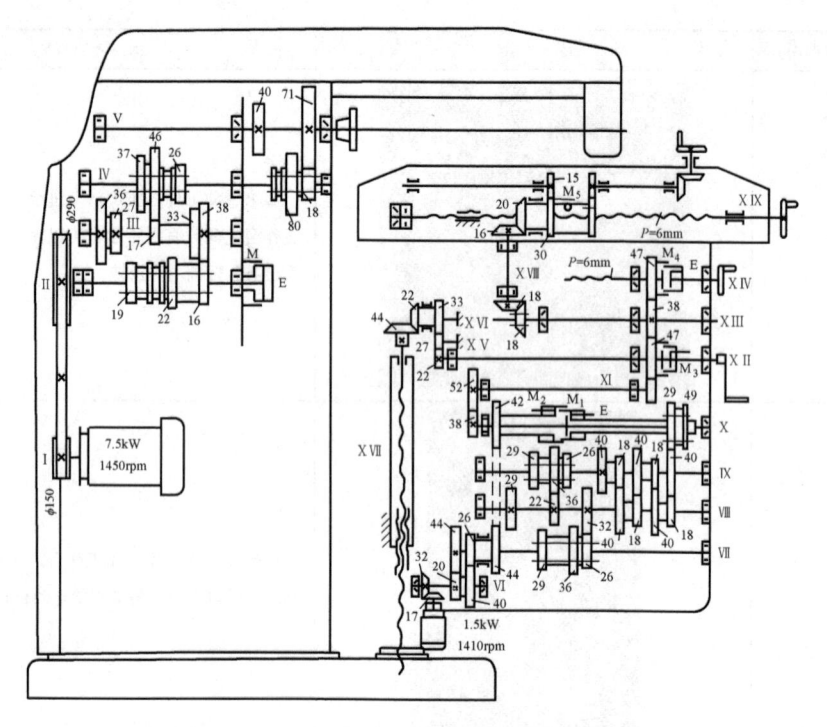

图 1-2　X6132型万能升降台铣床的传动系统图

进给电动机的运动经一对锥齿轮 17/32 传至轴Ⅵ，然后根据轴Ⅹ上的电磁离合器 M_1、M_2 的结合情况分两条路线传动。如果轴Ⅹ上离合器 M_1 脱开、M_2 结合，轴Ⅵ的运动经齿轮副 40/26、44/42 及离合器 M_2 传至轴Ⅹ，这条路线可使工作台作快速移动。如果轴Ⅹ上的离合器 M_2 脱开，M_1 结合，轴Ⅵ的运动经齿轮副 20/44 传至轴Ⅶ，再经轴Ⅶ—Ⅷ间和轴Ⅷ—Ⅸ间两组三联滑移齿轮变速组以及轴Ⅷ—Ⅸ间的曲回机构，经离合器 M_1 将运动传至轴Ⅹ。这是一条使工作台正常进给的传动路线。

轴Ⅹ的运动可经过离合器 M_3、M_4、M_5 以及相应的后续传动路线，使工作台分别得到垂向、横向及纵向的快速移动和正常进给运动。其传动路线分别如下。

（1）快速移动传动路线

$$\begin{pmatrix}电动机\\1.5\text{kW}\\1410\text{rpm}\end{pmatrix} - \frac{17}{32} - 轴Ⅵ - \frac{40}{26} \times \frac{44}{42} - M_2合（快速移动） - 轴Ⅹ - \frac{38}{52} - 轴Ⅺ - \frac{29}{47}$$

$$-\begin{bmatrix}\frac{47}{38} - 轴Ⅻ\begin{bmatrix}\frac{18}{18} - 轴Ⅶ - \frac{16}{20} - M_5合 - 轴Ⅻ（纵向）\\\frac{38}{47} - M_4合 - 轴Ⅻ（横向）\end{bmatrix}\\M_3合 - 轴Ⅺ - \frac{22}{27} - 轴Ⅳ - \frac{27}{33} - 轴Ⅻ - \frac{22}{44} - 轴Ⅶ（垂向）\end{bmatrix}$$

（2）正常工作进给传动路线

$$\begin{pmatrix}电动机\\1.5\text{kW}\\1410\text{rpm}\end{pmatrix} - \frac{17}{32} - 轴Ⅵ - \frac{20}{44} - 轴Ⅶ - \begin{bmatrix}\frac{29}{29}\\\frac{36}{22}\\\frac{26}{32}\end{bmatrix} - 轴Ⅷ -$$

$$\begin{bmatrix} \frac{29}{29} \\ \frac{22}{36} \\ \frac{32}{26} \end{bmatrix} - 轴IX - \begin{bmatrix} \frac{40}{49} \\ \frac{18}{40} \times \frac{18}{40} \times \frac{18}{40} \times \frac{18}{40} \times \frac{40}{49} \\ \frac{18}{40} \times \frac{18}{40} \times \frac{40}{49} \end{bmatrix} - M_1合（工作进给）$$

$$- 轴X - \frac{38}{52} - 轴XI - \frac{29}{47} -$$

$$\begin{bmatrix} \frac{47}{38} - 轴XIII - \begin{bmatrix} \frac{18}{18} - 轴XVII - \frac{16}{20} - M_5合 - 轴XIX（纵向） \\ \frac{38}{47} - M_4合 - 轴XIV（横向） \end{bmatrix} \\ M_3合 - 轴XII - \frac{22}{27} - 轴XV\frac{27}{33} - 轴XVI - \frac{22}{44} - 轴XVII（垂向） \end{bmatrix}$$

轴Ⅷ—Ⅸ间的曲回机构工作原理，可由图 1-3 予以说明。轴Ⅹ上的单联滑移齿轮 $z=49$ 有三个啮合位置。当滑移齿轮 $z=49$ 在 a 处啮合时，现轴Ⅸ上最左边固定的 40 齿的齿轮啮合，轴Ⅸ的运动直接由齿轮副 40/49 传至轴Ⅹ；当滑移齿轮在 b 处啮合时，现轴Ⅸ上中间的 40 齿的齿轮啮合，轴Ⅸ的运动经曲回机构齿轮副 18/40—18/40—40/49 传至轴Ⅹ；当滑移齿轮在 c 处啮合时，现轴Ⅸ上最右边的 40 齿的齿轮啮合，轴Ⅸ的运动经曲回机构齿轮副 18/40—18/40—18/40—18/40—40/49 传至轴Ⅹ。因而通过轴Ⅹ上单联滑移齿轮 $z=49$ 的三种啮合位置可使曲回机构得到三种不同的传动比。

$u_a = 40/49$

$u_a = 18/40 \times 18/40 \times 40/49$

$u_a = 18/40 \times 18/40 \times 18/40 \times 18/40 \times 40/49$

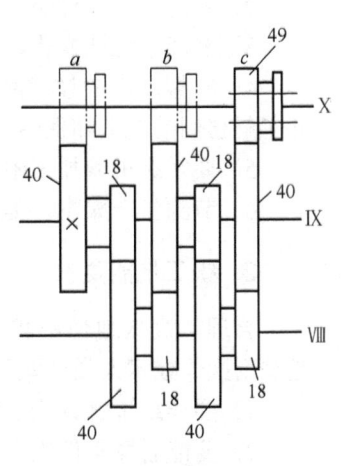

图 1-3　曲回机构工作原理

活动二　铣床的基本操作

技能活动目标

1. 了解铣床操作的基本内容。
2. 掌握铣床的基本操作技能。

技能活动内容

一、安全文明生产

1．职业守则与技能要求

（1）职业守则

机械加工工作中所应遵守的规范与原则，一方面是对操作技术人员的行为要求，另一方面是机械加工行业对社会所应承担的义务与责任的概括。机械加工职业守则规定如下：

1）遵守法律、法规和行业与公司等有关的规定。
2）爱岗敬业，具备高尚的人格与高度的社会责任感。
3）工作认真负责，具有团队合作精神。
4）着装整洁，工作规范，符合规定。
5）严格执行工作程序，安全文明生产。
6）爱护设备，保持工件环境的清洁。
7）爱护工、量、夹、刀具。

（2）机械加工技能要求

合理、高效地使用和操作机械加工设备，生产加工出高质量、高精度和合乎技术要求的零件，是机械加工操作技术人员的职责。机械加工的技能要求主要包括下面几个方面的内容。

1）要详细了解使用设备的组成构造、结构特点、传动系统、润滑部位等。
2）要能看懂零件生产加工图样，并能分析零部件之间的相互关系。
3）要能熟练地操作、维护、保养设备，并能做到排除和解决一般故障。
4）掌握基本的技术测量知识与技能，要正确使用设备附件、刀具、夹具和各种工具，并了解它们的构造和保养方法。
5）要掌握机械加工中各种零件的各项计算，也能对零件进行简单工艺和质量分析。
6）节约生产成本，提高生产效率，保证产品质量。

2．铣工技能要求

合理、高效地使用和操作铣床，生产加工出高质量、高精度和合乎技术要求的零件，是铣削操作技术人员的职责。对铣工的技能要求主要包括下面几个方面的内容。

1）要详细了解铣床的组成构造、结构特点、传动系统、润滑部位等。
2）要能看懂零件生产加工图样，并能分析零部件之间的相互关系。
3）要能熟练地操作、维护、保养设备，并能做到排除和解决一般故障。
4）掌握基本的技术测量知识与技能，要正确使用铣床附件、刀具、夹具和各种工具，并了解它们的构造和保养方法。
5）要掌握各种零件铣削的各项计算，也能对零件进行简单工艺和质量分析。
6）节约生产成本，提高生产效率，保证产品质量。

3．安全文明生产要求

坚持安全文明生产是保障生产技术人员和操作设备的安全，防止事故的根本保证，也是搞好企业经营管理的重要内容之一。

安全文明生产直接影响人身安全、产品质量和经济效益，影响操作使用设备和工、量具的使用寿命与操作人员技术水平的正常发挥，因此必须严格执行。

（1）安全生产注意事项
1）工作时要穿工作服，注意整洁、规范。
2）禁止穿背心、短裤、拖鞋、戴围巾等进入生产车间。
3）要戴工作帽，女同志应将长发盘起或塞入帽中。
4）注意用电与防火安全。
5）严守安全操作规程。

（2）铣削安全操作规程要点

1）工作前要检查各进给手柄还原位置、进给方向与运动正常情况、主轴由低到高速运转的正常情况等。

2）不准戴手套操作铣床、测量和更换刀具与擦拭铣床。

3）装夹与拆卸工件、刀具，变速和进给，测量工件等，必须先停止铣床的运行后才能进行。

4）铣床在加工生产过程中，操作者切不可离开岗位，也不能做一些与操作无关的事情，要全神贯注。

5）在高速铣削工件时，应戴防护眼镜，以防切屑飞溅到眼内。

6）生产加工过程中不可用手去抚摸工件，也不可用棉纱去擦拭工件，以防发生不必要的事故。

7）生产操作中如发现异常情况应立即停止设备的运行，出现事故，要立即切断电源，并及时申报。待设备检查或修复后再使用。

8）铣床不使用时，应将各操作进给手柄置于空挡，各方向进给紧固手柄应松开，工作台应置于铣床各方向进给的中间位置，并给导轨涂油润滑。

（3）文明生产要求

1）爱护刀具、工具、量具，并正确使用、放置。有固定位置的，用后应放回原处。

2）爱护铣床和车间内其他设备、设施。

3）工具箱内的物件应分类摆放。精密物件应安全放置，以免损坏和丢失。

4）量具应保持清洁、准确，用完后擦净上油，放入盒内，还要定期校对。

5）爱护铣床工作台面和导轨面，不可放置零件、工具、辅具和敲击。

6）使用砂轮时，要站在砂轮侧面位置，防止砂轮碎后飞出伤人。

7）铣床的防护罩等防护装置不可随意拆卸，防止传动带、齿轮等露在外面发生事故。

8）生产加工任务完成后，要认真擦拭铣床、工具、量具和其他附件，设备要按规定加油润滑，并清扫工作场地，关闭电源。

二、操作准备

1. 穿戴

如图 1-4 所示，正常铣削时，应穿好工作服，工作服袖口应扎紧，戴平光镜，女生应戴工作帽，并将头发盘起，塞入帽中，操作时不应戴手套或其他手部饰品。

2. 铣工工作场地的布置

工作场地的布置将直接影响辅助时间的长短和加工生产的顺利性。表 1-5 是两种较好的工作场地的布置情况，仅供参考。

图 1-4　铣削时的穿戴

表 1-5 工作场地的布置

序号	情 况 说 明	场地布置图解
1	在铣床右侧设置一个工具台,把所有的铣刀、量具、工具及辅具按操作顺序放置在离自己很近的地方,以方便自己使用;很明确地划分出毛坯、半成品的存放区域,以缩短搬运时间	
2	将工、卡具箱和工、卡具存放台放在自己的身边,需要时能方便地拿到并使用。毛坯和成品的存放位置离运输通道较近,便于搬运输出	

三、铣床的基本操作

1. 铣床电气操作

（1）铣床电源转换开关与主轴换向开关的操作

铣床电源转换开关与主轴换向开关在床身左侧下部,如图 1-5 所示。

图 1-5 铣床电源转换开关和主轴换向开关

操作铣床时,先将电源转换开关顺时针方向旋转至接通位置,操作结束时,逆时针方向转至断开位置,如图 1-6 所示。

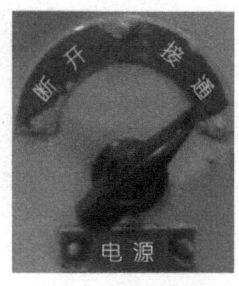

(a) 电源接通　　　　　　(b) 电源断开

图 1-6　电源转换开关的操作

主轴换向开关位于中间位置时，主轴停止；顺时针方向转至右转位置时，主轴向右旋转；逆时针方向转至左转位置时，主轴向左旋转，如图 1-7 所示。

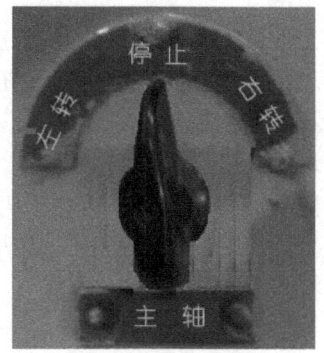

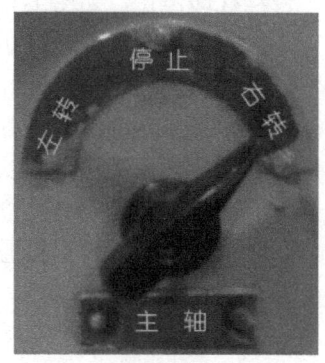

(a) 中间位置(停止)　　　　(b) 右转位置　　　　(c) 右转位置

图 1-7　主轴换向开关的操作

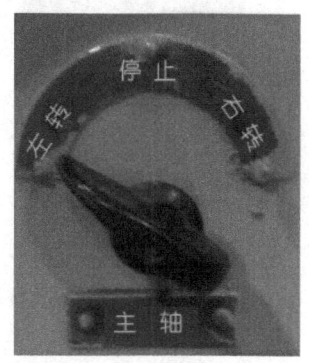

(2) 冷却泵转换开关与圆工作台转换开关的操作

冷却泵转换开关与圆工作台转换开关在床身右侧下部，如图 1-8 所示。

图 1-8　冷却泵转换开关与圆工作台转换开关

操作中需要使用切削液时，将冷却泵转换开关顺时针转至右边接通位置，如图 1-9 所示；在铣削中要使用回转工作台时，将圆工作台转换开关顺时针转至右边接通位置，如图 1-10 所示。一般情况下这两个开关放在断开（停止）位置，否则机动进给将全部停止。

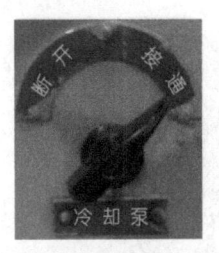

图 1-9　冷却泵转换开关的操作 　　　　　图 1-10　圆工作台转换开关的操作

（3）主轴及工作台启动、停止按钮的操作

启动按钮位于床身左侧中部及横向工作台右上方，两边为联动按钮。启动时，按启动按钮，主轴和工作台丝杠即启动；停止按钮位于启动按钮右侧，按停止按钮，主轴和工作台丝杠即停止，如图 1-11 所示。

位于启动、停止按钮上方的是工作台快速移动按钮。要使工作台快速移动，应开动进给手柄，再按住快速按钮，工作台即按原运动方向进行快速移动；放开快速按钮，快速进给立即停止，工作台则以原进给速度继续进给。

主轴上刀制动开关位于启动、停止按钮下方。上刀或换刀时，将该开关转至接通位置，此时主轴不旋转，然后再上刀或换刀。上刀完成后，再将该开关转至断开位置。

图 1-11　启动按钮和停止按钮

2. 主轴箱的变速操作

主轴变速箱装在床身左侧，其转速有 30～1500rpm 共 18 种，它通过变换手柄的转数盘来实现主轴的变速。

变速时，操作步骤如下：

1）手握变速手柄，把手柄向下压，使手柄的榫块自固定环的槽Ⅰ中脱出，如图 1-12 所示。

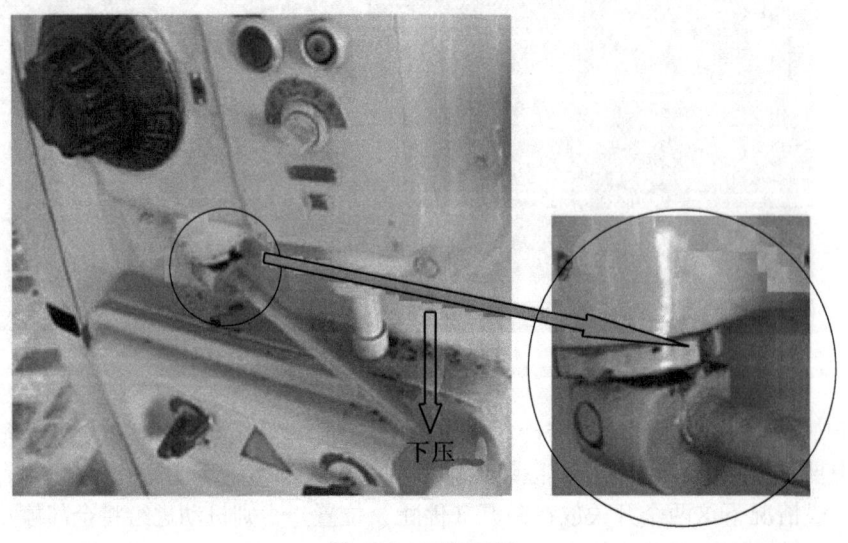

图 1-12　下压手柄

2）再将手柄向外拉，使手柄的榫块落入固定环的槽Ⅱ内，如图1-13所示。

图1-13　外拉手柄

3）转动转数盘，把所需的转速数字对准指示箭头，如图1-14所示。
4）把手柄向下压后推回原来的位置，使榫块落进固定环槽Ⅰ，并使之嵌入槽中。

图1-14　转动转速盘

3. 进给箱的变速操作

进给变速箱是一个独立部件，装在垂向工作台的左边，有18种进给速度，范围为23.5～1180mm/min。速度的变换由进给操作箱来控制，操作箱装在进给变速箱的前面。变换进给速度的操作步骤如下：

1）双手把蘑菇形手柄向外拉出，如图1-15所示。
2）转动手柄，把转数盘上所需的进给速度对准指示箭头，如图1-16所示。

图 1-15 外拉手柄　　　　　　　　图 1-16 转动转数盘

3）将蘑菇形手柄再推回原始位置，如图 1-17 所示。

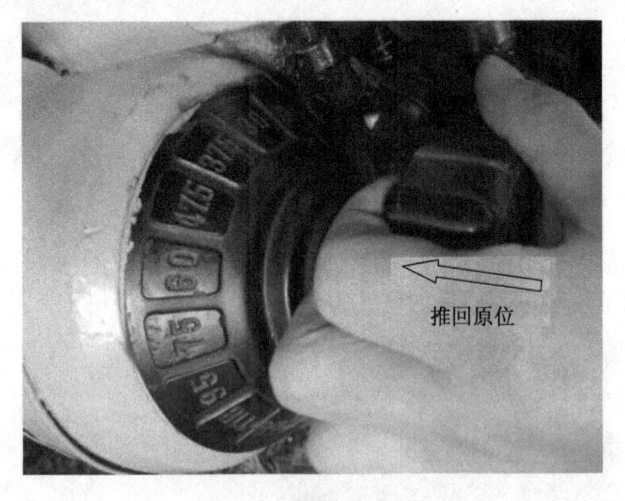

图 1-17 将手柄推回原位

变换进给速度时，如发现手柄无法推回原始位置，可再转动转数盘或将机动进给手柄开动一下。允许在机床开动情况下进行进给变速，但机动进给时，不允许变换进给速度。

4．工作台纵向、横向、垂直方向的手动进给操作

（1）纵向手动进给
操作方法如下：
1）将手柄与纵向丝杠接通。
2）右手握手柄并略加力向里推，左手扶轮子进行旋转摇动，摇动时速度要均匀适当，顺时针摇动时，工作台向右移动作进给运动，反之则向左移动，如图 1-18 所示。

（2）横向手动进给
将手柄与横向丝杠接通，右手握手柄，左手扶轮子进行旋转摇动，顺时针方向摇动时，工作台向前移动，反之向后移动。

（3）垂向手动进给
操作方法如下：
1）使手柄离合器接通。

图 1-18 纵向手动进给操作

2）用手握手柄，顺时针方向转动时，工作台向上移动，反之向下移动，如图 1-19 所示。

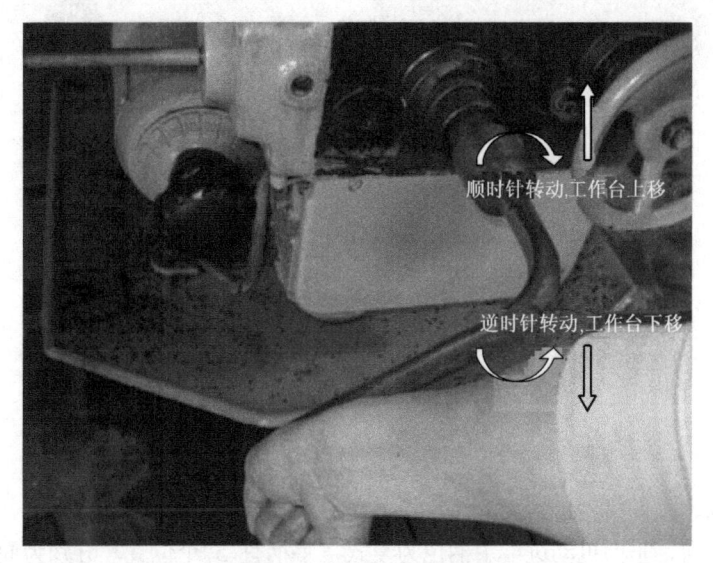

图 1-19 垂向手动进给操作

由于丝杠和螺母间的配合存在间隙，滑板会产生空行程（丝杠带动滑板已转动，而滑板并没有立即移动），所以，当手柄摇过头时，不能直接退回至所需的刻线处，应将手柄退回一转后，再重新摇至所需刻线处。

工作台纵、横向刻度盘如图 1-20 所示，其圆周刻线 120 格，每摇一转，工作台移动 6mm，每摇动一格，工作台移动 0.05 mm；垂向刻度盘如图 1-21 所示，其上刻有 40 格，每摇一转，工作台移动 2mm，每摇动一格，工作台移动 0.05 mm。

5．工作台纵向、横向、垂直方向的机动进给操作

（1）纵向机动进给

工作台纵向机动进给手柄为复式，手柄有三个位置，分别为向右、向左及停止。当手

柄向右扳动时，工作台向右进给；中间为停止位置；当手柄向左扳动时，工作台向左进给，如图1-22所示。

图1-20 工作台纵、横向刻度盘

图1-21 垂向刻度盘

（a）向左位置

（b）中间位置

（c）向右位置

图1-22 工作台纵向机动进给手柄的三个位置

（2）横向、垂向机动进给

工作台横向、垂向机动进给手柄也为复式，手柄有5个位置，分别为向上、向下、向前、向后及停止。当手柄向上扳时，工作台向上进给，反之向下；当手柄向前扳时，工作台向里进给，反之向外；当手柄处于中间位置时，进给停止，如图1-23所示。

操作时应注意以下事项：

1）主轴变速时，手柄推上的速度要适当，以免损坏变速齿轮。
2）在机动操作时，各进给方向的紧固手柄应松开。
3）各个进给方向的机动进给停止挡铁应在限位柱范围内。
4）操作横向和升降台十字手柄时，方位要准。
5）铣削操作完毕后，要使工作台各进给方向处于中间位置，各手柄恢复原来位置。

(a) 向上　　(b) 向下　　(c) 中间（停止）　　(d) 向前　　(e) 向后

图 1-23　工作台横向、垂向机动进给手柄的 5 个位置

活动三　铣床的维护保养

技能活动目标

1. 掌握铣床精度检验的内容、方法，以及基本故障的排除方法。
2. 了解铣床的润滑保养。
3. 了解铣床一级保养的内容和要求，并掌握一级保养的操作步骤。

技能活动内容

一、铣床的精度检验

影响零件加工精度的原因有很多，其中铣床的精度是主要原因之一。铣床在经过长时间工作后，应对其各项重要性能、精度指标进行检查和检验。

铣床精度包括铣床的几何精度和铣床的工作精度。

1. 常用铣床几何精度的检验

铣床几何精度的检验包含铣床工作台精度的检验和铣床主轴精度的检验两个方面，其检验要求与内容见表 1-6 和表 1-7。

表 1-6 铣床工作台精度的检验

项目内容	检验方法	图示	要求说明
工作台台面平面度的检验	使工作台处于纵向和横向行程中间位置，在工作台面上按图示方位放置高度相同的两块量块。在两块量块上放一检验平尺，然后用塞尺和量块检验工作台面与平尺之间的距离		工作台面在纵向只允许下凹（在每1000mm 长度上公差为 0.03mm，若超差则影响夹具或工件的安装，从而影响加工面对基准的平行度或垂直度）
工作台纵向和横向移动的垂直度检验	锁紧升降台，将 90°角尺放在工作台面中间位置，并使 90°角尺的一个检验面与横向（或纵向）平行，用百分表在纵向（或横向）移动工作台，检验此 90°角尺的另一检验面上进行检验（百分表读数的最大差值即为垂直度误差）		在 300mm 的测量长度上垂直公差为 0.02mm。若超过允差，致会影响两两相互垂直的加工面的垂直度。此外，若夹具的定位面与横向或纵向进给铣削出来的沟槽和工件侧面与基准面不垂直
工作台纵向对工作台面的平行度检验	使工作台处于横向行程的中间位置，锁紧横向进给和升降台，在工作台面上跨中央 T 形槽放置两块高度相同的量块。上置检验平尺，将百分表触头顶在平尺面上，纵向移动工作台进行检验（百分表读数的最大差值即为平行度误差）。平行度误差应在工作台全行程内检验		工作台行程小于或等于 500mm，平行度公差为 0.02mm；行程大于 500mm，小于或等于 1000mm，平行度公差 0.03mm；行程大于 1000mm，平行度公差 0.04mm

续表

项目内容	检验方法	图示	要求说明
工作台横向移动对工作台台面的平行度检验	锁紧升降台，在工作台台面中间位置目和工作台横向移动方向平行放置两高度相等的量块，上置检验平尺，百分表触头于主轴中央处，并使其顶在平尺检验面上，横向移动工作台进行检验（百分表读数的最大差值即为平行度误差）		平行度误差应在工作台全程内检测，工作行程小于或等于300mm，平行度公差为0.02mm；行程大于300mm，平行度公差为0.03mm
工作台中央T形槽侧面对工作台纵向移动的平行度检验	使工作台处于横向行程的中间位置，锁紧横向进给和升降台，百分表触头顶在靠中央T形槽侧面的专用滑块数的上，纵向移动工作台进行检验（百分表读数的最大差值即为平行度误差），中央T形槽的两侧面均需要检验		平行度误差应在工作台全程内检测，工作行程小于或等于500mm，平行度公差为0.03mm；行程大于500mm，小于或等于1000mm，平行度公差为0.035mm；行程大于1000mm，平行度公差为0.04mm

表 1-7 铣床主轴精度的检验

项目内容	检验方法	图示	影响	处理方法
主轴轴向窜动检验	将百分表触头顶在插入主轴锥孔内的专用检验棒的端面中心处，旋转主轴进行检验（百分表读数的最大差值即为轴向窜动误差）。常用铣床主轴的轴向窜动公差为 0.01mm		误差过大，铣削加工时会产生振动和尺寸误差，以及拖刀现象	轴向窜动误差过大，如果是由于轴承太紧或太松引起的，则可通过调整轴承的松紧来达到精度要求；如是因磨损原因而造成的，则应更换主轴
主轴肩支承面的跳动检验	将百分表触头顶在主轴前端面靠近边缘的位置，转动主轴，分别在相隔180°的 a、b 两处检验，a、b 两处误差分别计值（百分表读数的最大差值即为支承面的端面圆跳动误差），常用铣床主轴支承面的端面圆跳动公差为 0.02mm		误差值过大，会使以主轴轴肩定位安装的铣刀产生端面圆跳动，从而影响加工精度，并且缩短铣刀的使用寿命	轴肩支承面圆跳动误差过大的解决方法与上相同
主轴锥孔轴线的径向跳动检验	将百分表触头顶在插入主轴锥孔内的检验棒的表面上，分别在 a、b 两处检验（百分表读数的最大差值即为径向圆跳动误差）。常用铣床主轴锥孔轴线的径向跳动误差在主轴端 a 处为 0.01mm，在离主轴端 b 处 300mm 处为 0.02mm		主轴锥孔轴线的径向圆跳动过大，会使铣刀刀杆产生摆动，影响加工尺寸精度和铣刀的使用寿命	主轴锥孔轴线径向圆跳动过大时，一般利用调整轴承来恢复

续表

项目内容	检验方法	图 示	影 响	处理方法
卧式铣床主轴回转轴线对工作台面的平行度检验	使工作台处于纵向和横向行程中间位置，在工作台台面上放一块平板，把百分表放在平板上，并使百分表触头顶在插入主轴锥孔中的检验棒的母线上，记取 a、b 两处读数值，为消除检验棒或主轴锥孔的误差影响，应将主轴回转 180° 后再检验一次，两次读数值的平均值即为平行度误差。常用铣床主轴回转轴线对平面的平行度误差只允许下倾 0.03mm，检验棒的伸出端只允许下倾		平行度误差过大，会影响零件加工面和平行度，若横向进给，则会出现明显的接刀痕	平行度误差超过允许值范围，则应调整轴承恢复其精度要求
立式铣床主轴回转轴线对工作台面的垂直度检验	使工作台处于纵向行程的中间位置，锁紧横向进给及升降台并主轴套筒。在工作台台面上放置两个高度相等的量块，上置一在主轴锥孔中插入一根带百分表的角形表杆，使百分表触头顶在量块上，a 处为 T 形槽中央 T 形槽平直，要求在 a 处与中央 T 形槽垂直，a、b 处分别计读，（百分表读数最大差值即为垂直度误差）		常用铣床主轴回转垂直度误差，在台面的测量长度上，a 处为 0.02mm，b 处为 0.03mm，且只允许向上偏。垂直度误差过大，会影响零件加工面的平面度、平行度以及加工孔的圆度等	垂直度误差超出允许值范围，则应调整轴承恢复其精度要求
卧式铣床刀杆挂架孔对主轴回转轴线的同轴度检验	锁紧横梁和挂架，在主轴锥孔中插入一根带百分表杆，使百分表触头插入刀杆挂架孔中的检验棒表面上，转动主轴，在任图示，a、b 两处进行检验，a、b 两处读数最大差值的一半即为同轴度误差（百分表读数最大差值）		常用铣床刀杆挂架孔对主回转轴线的同轴度公差为 0.03mm。同轴度误差过大，会使刀杆歪斜，导致铣刀振摆并加快挂轴孔的磨损，从而影响加工质量	同轴度误差超出允许值范围，则应通过修理挂架内孔轴瓦恢复其精度要求

2. 常用铣床工作精度的检验

铣床工作精度的检验,是标准试件在工作状态下的综合性的动态检验。标准试件的形状和尺寸如图 1-24 所示,试件的尺寸和公差要求见表 1-8。

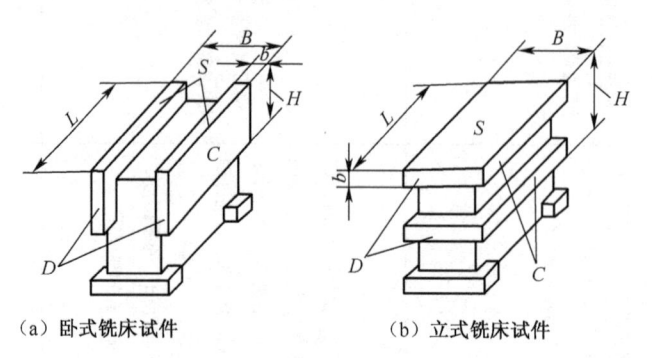

(a) 卧式铣床试件　　　　(b) 立式铣床试件

图 1-24　标准试件的形状和尺寸

表 1-8　试件的尺寸和公差要求　　　　　　　　　　（单位：mm）

试件尺寸		工作台面长度	B	L	H	b
		≤250	100	250	100	20
		≥250	150	400	150	
公差级别			1 级	2 级	3 级	
检验项目	平面度（卧铣试件 C 面,立铣试件 S 面）		0.02	0.003	0.04	
	S 面对基面的平行度		0.03	0.045	0.06	
	C、D、S 三面间的垂直度与测量长度	100	0.02	0.03	0.04	
		150	0.025	0.037	0.05	
		250	0.03	0.045	0.06	
		400	0.05	0.075	0.10	
	加工表面粗糙度 R_a（μm）		1.6	3.2	6.3	

3. 常用铣床的故障与排除方法

在铣削加工中,铣床本身的精度直接影响零件的加工质量（尺寸与形状位置精度）。因此除定期对铣床进行精度检验外,还应及时发现与排除铣床出现的故障,以保证满足零件的铣削加工精度要求。常用铣床的故障现象、产生的原因与解决方法见表 1-9。

表 1-9　常用铣床的故障现象、产生的原因与解决方法

故障现象	产生原因	解决方法
铣削时振动过大	1. 主轴松动 2. 工作台松动 3. 工作台丝杠、螺母间隙大 4. 其他原因	1. 重新调整主轴轴承间隙 2. 重新调整导轨间隙（刮削或更换新的镶条） 3. 调整紧固螺钉和紧固蜗杆与可调螺母的相对位置 4. 拉紧铣刀盘,重建铣床基础,对电机转子进行动平衡,更换合格齿轮

续表

故障现象	产生原因	解决方法
在全程内手摇动工作台纵向移动时松紧不均匀	1. 丝杠弯曲 2. 局部磨损 3. 丝杠轴线与纵向导轨不平行	1. 校直丝杠 2. 修理或更换丝杠 3. 重新校装丝杠并铰定位销孔
升降台低速升降爬行	立柱导轨压铁未松开和润滑不良	松开并调整压铁和良好润滑
工作台快速进给脱不开	电磁铁的剩磁太大或慢速复位弹簧力不足	电工和机修要进行修理和调整
进给系统安全离合器失灵	离合器调节的转矩太大	重新调节安全离合器，以 157~196N·m 转矩能转动为宜

二、铣床的润滑

铣床的润滑如图 1-25 所示。

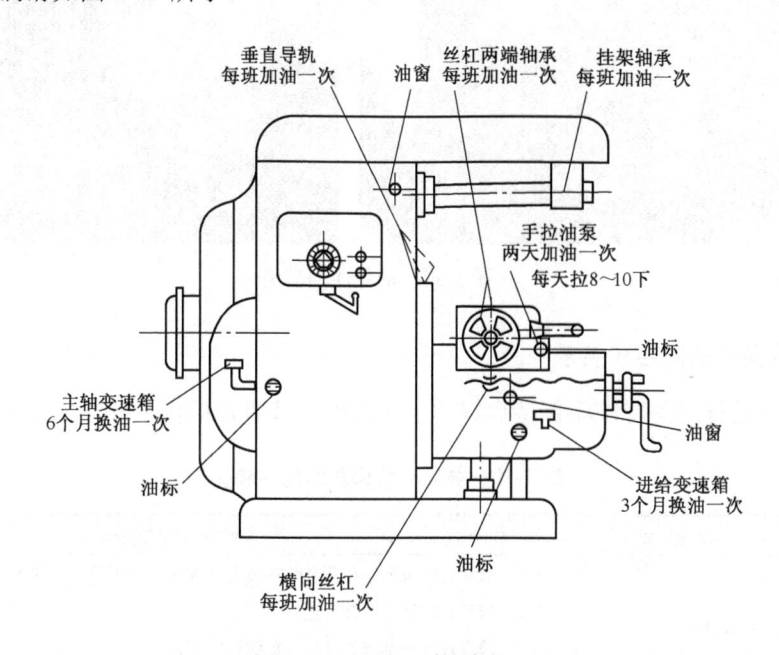

图 1-25 X6132 型铣床的润滑

铣床的主轴箱与进给变速箱采用自动润滑，铣床开启后可由油标显示其润滑情况。工作台纵向丝杠和螺母、导轨面、横向溜板导轨等采用手拉油泵注油润滑，如图 1-26 所示。其他如工作台纵向丝杠两端轴承、垂直导轨、挂架轴承等采用油枪注油润滑，如图 1-27 所示。

铣床各润滑点平时要特别注意，必须按期按质并根据说明书对铣床润滑点加油润滑，对铣床润滑系统添加润滑油和润滑脂。各润滑点润滑油的油质应清洁无杂质，一般使用 L-AN32 机油。

三、铣床的一级保养

铣床运行 500 小时后要进行一级保养。一级保养是以设备操作技术人员为主，维修技术人员配合，对设备进行内（外）维护和修理保养。

图 1-26　手拉油泵注油润滑

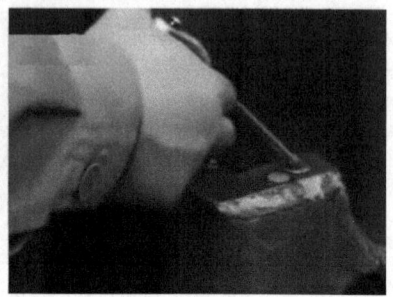

图 1-27　油枪注油润滑

1．一级保养的内容和要求

一级保养的目的是使铣床保持良好的工作性能，其具体的内容和要求见表1-10。

表 1-10　铣床一级保养的内容和要求

序　号	保养部位	内容和要求说明
1	外部结构	1．铣床各外表面、死角及防护罩内外部必须擦干净，且应无锈蚀、无油垢 2．清洗铣床附件，并上油 3．检查铣床外部有无损坏（如螺钉、手柄等） 4．清洗铣床各丝杠及滑动部位，并上油
2	传动部分	1．修光导轨面的毛刺，清洗镶条（塞铁），并调整其松紧 2．对丝杠与螺母之间的间隙、丝杠两端轴承间隙进行适当调整 3．用V带传动的，应擦干净V带并进行调整
3	冷却系统	1．清洗过滤网和切削液槽，要求无切屑、无杂物 2．根据情况及时更换切削液
4	润滑系统	1．使油路畅通无阻，清洗油毡（要做到无切屑），要求油窗明亮 2．检查手动油泵的工作情况，要求内外清洁无油污 3．检查油质，要求油质良好
5	电气部分	1．清洗电气箱，擦干净电动机外部 2．检查电气装置是否牢固、整齐 3．检查限位装置等是否安全可靠

2. 一级保养的操作步骤

铣床一级保养的操作步骤如下：

1）为防触电或造成人身、设备事故，首先应切断电源。

2）擦洗铣床床身，床身包括横梁、挂架、横梁燕尾形导轨、主轴锥孔、主轴端面拨块后尾、垂直导轨等，并修光毛刺，如图1-28所示。

图1-28 擦洗铣床床身

3）拆卸纵向工作台。其操作步骤见表1-11。

表1-11 纵向工作台的拆卸

步　　骤	操作方法	图　　示
拆卸左撞块	松开锁紧螺母，拆卸左撞块，并向右摇动工作台至极限位置	
拆卸工作台左端	松开锁紧螺母，拆下手轮	
	然后将紧固螺母、刻度盘拆下	

续表

步 骤	操作方法	图 示
拆卸工作台左端	再将离合器、螺母、止退垫圈和推力球轴承拆下	
拆卸导轨楔铁	松开调节螺杆，拆卸导轨楔铁	
拆卸工作台右端	首先拆下端盖	
	然后拆下螺钉，再取下螺母和推力球轴承	
	拆下支架	
	最后拆卸右撞块	
拆丝杠	转动丝杠至最右端，取下丝杠（注意取下丝杠时要防止丝杠平键的脱落）	
拆工作台	将工作台推至左端，取下工作台（注意不要碰伤工作台，取下后应放在专用的木制垫板上）	

4）清洗拆卸下来的各个零件，并修光毛刺，如图 1-29 所示。

5）将工作台底座内部零件、油槽、油路、油管清洗干净，并检查手拉油泵、油管等是否畅通，如图 1-30 所示。

图 1-29　清洗零件　　　　　　　　图 1-30　清洗工作台底部

6）检查工作台各部无误后安装工作台。
7）调整楔铁的松紧，以及推力球轴承与丝杠和丝杠与螺母之间的间隙。
8）拆洗横向工作台油毡、楔铁、丝杠（修光毛刺后涂油安装）。
9）清洗升降台部件。
10）拆擦电动机和防护罩并检查电气箱等是否安全可靠。
11）擦洗整机。

3．注意事项

1）在拆卸右端支架时，不要用铁锤敲击或用螺丝刀撬其结合部位（应用木锤或塑料锤），以防其结合部位出现撬伤或毛刺。

2）卸下丝杠时，应离开地面垂直挂起来，不要使丝杠的端面触及地面立放或平放，以免丝杠变形弯曲。

项目二 铣削用工、量和刀具

在铣床上工作时，安装工件、装卸刀具、调整机床和附件等，都要使用工具；另外，在生产实训操作中，为保证加工零件的尺寸精度和表面形状、位置精度等，都要使用量具对工件进行测量，所以应了解和掌握常用工、量具的正确使用方法。

活动一 铣削用工具

技能活动目标

1. 了解常用工具的种类和名称。
2. 掌握铣削常用工具的结构特点和使用方法。

技能活动内容

一、双头呆扳手

双头呆扳手用来紧固四方、六方螺母或螺栓。常用的双头呆扳手两端钳口的规格尺寸有 5×7mm、8×10mm、9×11mm、12×14mm、14×17mm、17×19mm、19×22mm、22×24mm、24×27mm、27×30mm、30×32mm 等 50 余种。经常用的多为配套 6 件组、8 件组和 10 件组，如图 2-1 所示。

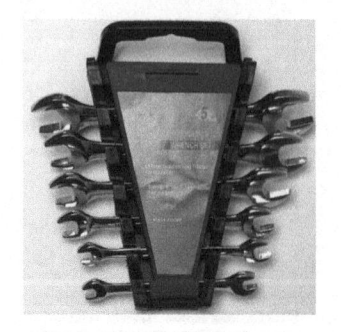

图 2-1 双头呆扳手及其配套组件

使用时，按螺母的对边间距尺寸选择相应的扳手。紧固螺母时，手握扳手的一端，使扳手另一端的钳口全部伸入螺母的对边，扳手与螺母的端面基本处于平行，用力向副钳口的方向将螺母旋紧，如图 2-2 所示。

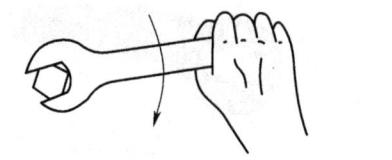

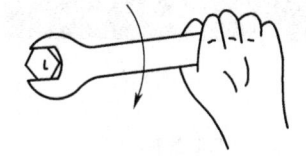

(a)正确使用　　　　　　　　　（b)错误使用

图 2-2　双头呆扳手的使用

二、活络扳手

活络扳手的结构如图 2-3 所示，它由活动钳口、固定钳口、螺杆和扳手体组成。其规格用扳手体的长度表示，有 100mm、150mm、200mm、250mm、300mm、350mm、400mm 等。

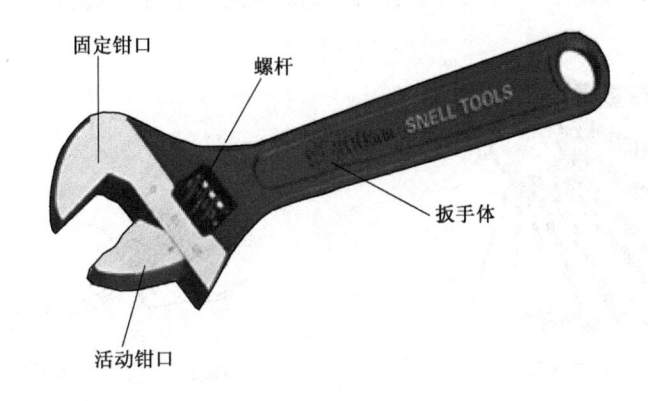

图 2-3　活络扳手的结构

使用时转动螺杆来调整活动钳口张开尺寸的大小，使其与所紧固的螺母对边尺寸相适应。紧固螺母时，手握扳手柄部，使扳手体与螺母端部处于平行状态，用力向活动钳口的方向将螺母旋紧，如图 2-4 所示。使用时一般不准将其手柄用加套管等方式接长，以免力臂过大损坏扳手。

(a)正确使用　　　　　　　　　（b)错误使用

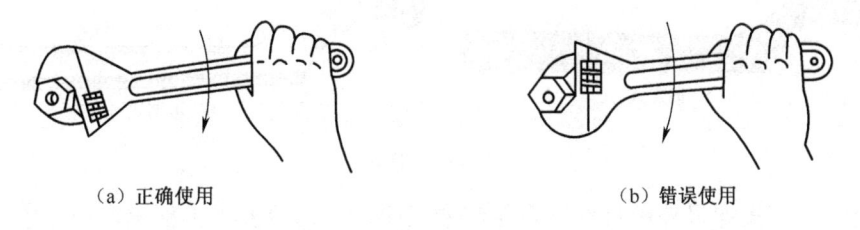

图 2-4　活络扳手的使用

三、整体扳手

整体扳手有六角形扳手和梅花形扳手两种，如图 2-5 所示。整体扳手用来紧固六角螺栓或螺母。

使用时，按螺母的对边尺寸选择相应的扳手。这种扳手使用中不易滑脱，其中梅花形扳手可在扳动范围较狭窄的地方使用。

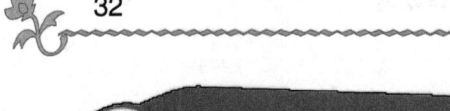

(a) 六角形扳手　　　　　　　(b) 梅花形扳手

图 2-5　整体扳手

四、内六角扳手

内六角扳手用来紧固、松开内六角螺钉，如图 2-6 所示。其规格以内六角对边尺寸表示，有 3mm、4mm、5mm、6mm、8mm、10mm、12mm、14mm、17mm 等。

使用时选用相应的内六角扳手，手握扳手一端，将扳手另一端头部插入螺钉头内六角孔中，然后用力扳转，如图 2-7 所示。旋转螺钉时，应避免扳手从螺钉孔中滑脱，以免损坏扳手和螺钉六方孔。

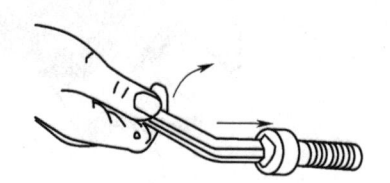

图 2-6　内六角扳手　　　　　　　图 2-7　内六角扳手的使用

五、钩形扳手

钩形扳手用来紧固或松开带槽螺母，其规格以所紧固的带槽圆螺母的直径表示。例如规格为 34～36mm 的带槽圆螺母扳手，用来旋紧外径为 34～36mm 的带槽圆螺母。钩形扳手分为固定式和可调式两种，如图 2-8 所示。

(a) 固定式　　　　　　　(b) 可调式

图 2-8　钩形扳手

使用时，先按螺母外径尺寸选择相应的扳手，然后手握扳手柄部，让扳手的舌部伸入螺母槽中，扳手的内圆弧卡在圆螺母的外圆上，用力将螺母旋紧，如图 2-9 所示。不准选用与螺母外径尺寸不相适应的扳手，以免损坏螺母或紧固时扳手滑脱伤手。

六、叉形扳手

叉形扳手用来旋紧开槽圆柱头螺钉。在安装铣刀盘或套式端铣刀时，由于螺钉埋入刀盘的台阶孔内，用一般的扳手无法将螺钉旋紧，这时就需要选用与螺钉开口尺寸相对应的叉形扳手，将刀体紧固，如图 2-10 所示。

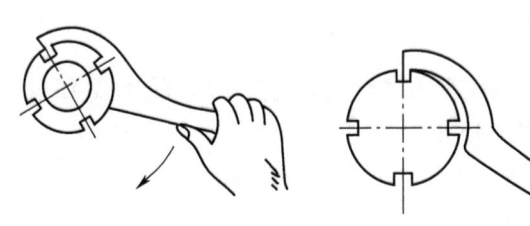

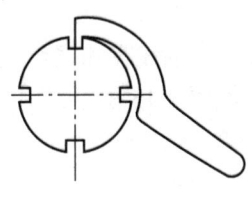

(a)正确使用　　　　(b)扳手圆板半径小　　　　(c)扳手圆板半径大

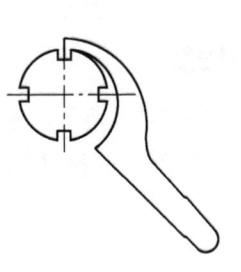

图 2-9　钩形扳手的使用

七、起子

起子又称螺钉旋具、改锥或解刀，用来紧固或拆卸螺钉。它的种类很多，按照头部的形状的不同，可分为一字和十字两种；按照手柄的材料和结构的不同，可分为木柄、塑料柄、夹柄和金属柄 4 种；按照操作形式，可分为自动、电动、风动等形式。

一字起予如图 2-11 所示，主要用来旋转一字槽形的螺钉、木螺钉、自攻螺钉等。它有多种规格，通常用手柄以外的刀体长度来表示，常用的有 100mm、150mm、200mm、300mm、400mm 等几种。

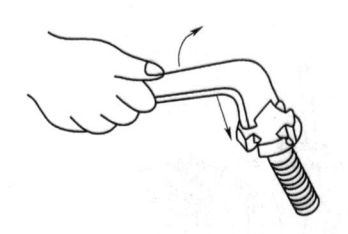

图 2-10　叉形扳手及其使用　　　　图 2-11　一字起予

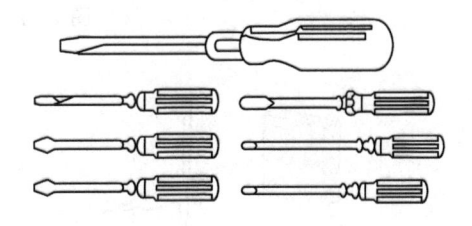

十字起予如图 2-12 所示，它主要用来旋转十字槽形的螺钉、木螺钉、自攻螺钉等。

使用时，按螺钉沟槽的宽度选择相应的起子，右手握住起子的柄部，左手扶住刀体的前端，使刀体伸入螺钉沟槽内，刀口顶部顶在螺钉沟槽的底部，右手用力转动手柄，将螺钉旋紧，如图 2-13 所示。

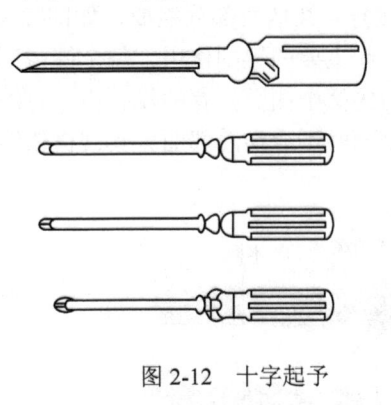

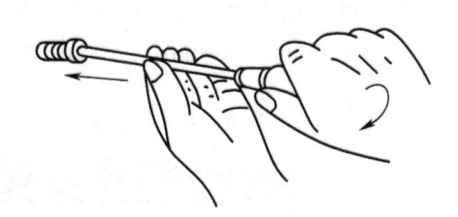

图 2-12　十字起予　　　　图 2-13　起子的使用

八、划线盘

划线盘如图 2-14 所示，它有普通划线盘和调节式划线盘（即万能型划线盘）两种。划线盘用于对工件进行划线和校正，如图 2-15 所示。

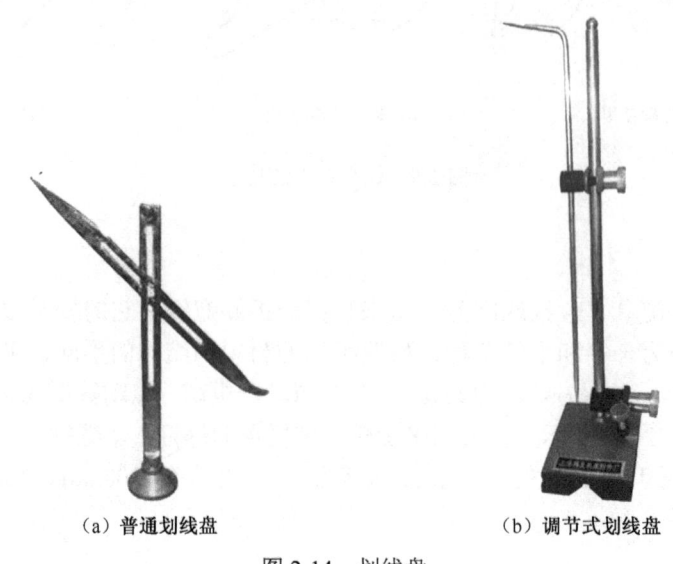

（a）普通划线盘　　　　（b）调节式划线盘

图 2-14　划线盘

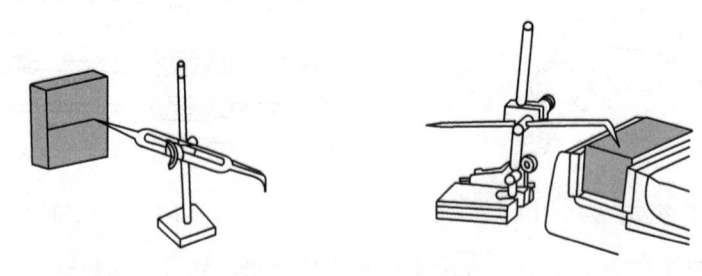

图 2-15　划线盘的使用

九、锉刀

锉刀的种类很多，铣床上一般采用平锉。锉刀由锉身和锉柄两部分组成，如图 2-16 所示。其上、下两面都是工作面，上面制有锋利的锉齿，起主要的锉削作用，每个锉齿都相当于一个对金属材料进行切削的切削刃。锉刀边是指锉刀的两个侧面，有的没有齿，有的一边有齿，没齿的一边称为光边，它可使锉削内直角的一个面时不会伤着邻面。其规格依锉刀长度而定，有 150mm、200mm、250mm 等。

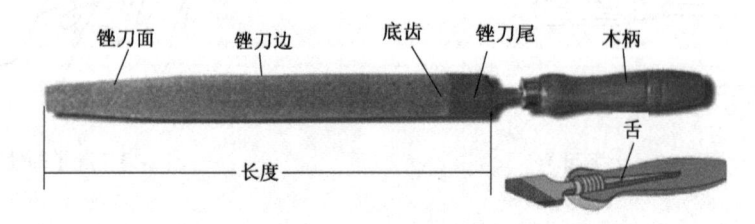

图 2-16　锉刀的结构

使用时右手握住锉刀柄部，接触工件锐边后从左至右斜线锉削，修去工件毛刺，如图 2-17 所示。

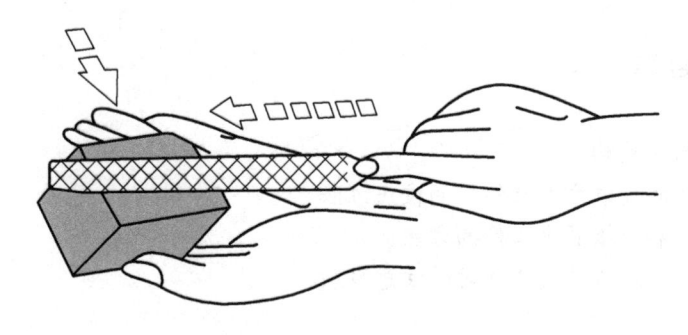

图 2-17　锉刀的使用

十、锤子

锤子有钢锤和铜锤两种，如图 2-18 所示。其规格用锤头的质量来表示，有 500g、1000g、1500g 等几种。

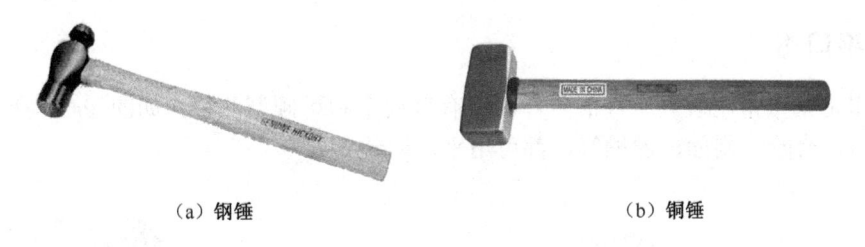

（a）钢锤　　　　　　　　　　（b）铜锤

图 2-18　锤子

在平口钳上装夹工件时，锤子用来敲击工件。使用时，用右手握锤，5 个手指满握锤子木柄，大拇指合在食指上，手的虎口对准锤头的方向，锤柄尾端露出手外约 15～30mm，如图 2-19 所示。

十一、平行垫铁

平行垫铁是装夹工件时用来支持工件的，如图 2-20 所示。它具有一定的硬度，且上、下平面平行。

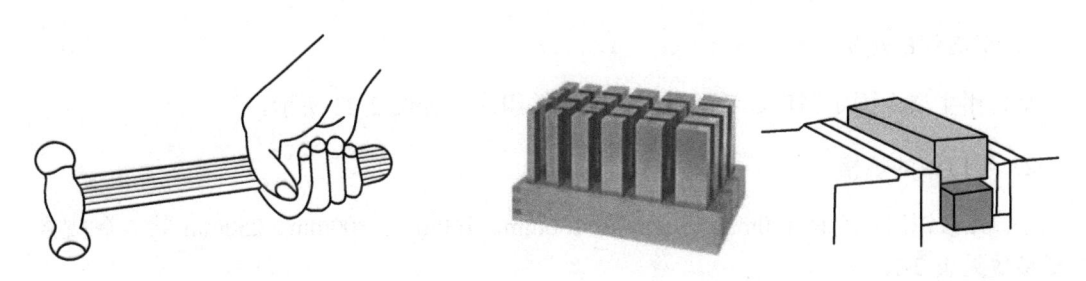

图 2-19　锤子的使用　　　　　图 2-20　平行垫铁及其使用

活动二　工件的一般装夹

技能活动目标

1. 了解平口钳的结构。
2. 掌握平口钳的安装方法及钳口的校正方法。
3. 掌握平口钳和压板装夹工件的方法。
4. 了解平口钳和压板装夹工件时的注意事项。

技能活动内容

在铣床上加工中、小型工件时，一般采用平口钳来装夹；对于中、大型工件，则多采用直接在铣床工作台上用压板来装夹。在成批、大量生产时，为提高生产效率和保证加工质量，则采用专用铣床夹具来装夹。为适应加工需要，还利用分度头、回转工作台等来装夹。

一、平口钳

平口钳是铣床常用装夹工件的附件。它有普通型和可倾型两种，如图 2-21 所示。铣削零件的平面、台阶、斜面、键槽等，都可用平口钳装夹。

（a）普通型　　　（b）可倾型

图 2-21　平口钳

1. 平口钳的结构

平口钳主要由固定钳口、活动钳口、底座等组成，如图 2-22 所示。

2. 平口钳的规格

平口钳按钳口宽度有 100mm、125mm、136mm、160mm、200mm、250mm 共 6 种规格，主要参数见表 2-1。

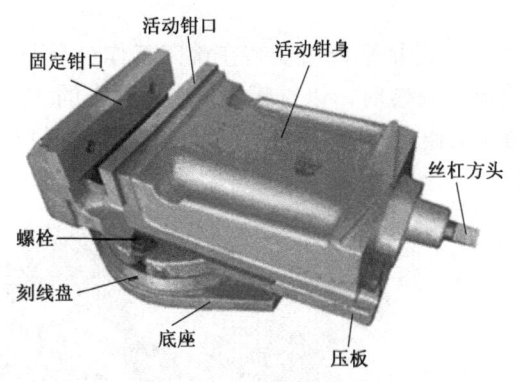

图 2-22 平口钳的结构

表 2-1 平口钳主要参数　　　　　　　　　　（单位：mm）

参数＼规格	100	125	136	160	200	250
钳口宽度 B	100	125	136	160	200	250
钳口最大张度 L	80	100	110	125	160	200
钳口高度 h	38	44	36	50	60	60
定位键宽 b	16	16	12	18	18	18
回转角度	360°					

二、用平口钳装夹工件

1. 平口钳的使用

平口钳应根据工件外形尺寸来选用，对于形状不同的工件，可设计几种特殊的钳口，如图 2-23 所示。使用时，只要更换不同形式的钳口，即可适应各种不同形状的工件的装夹。

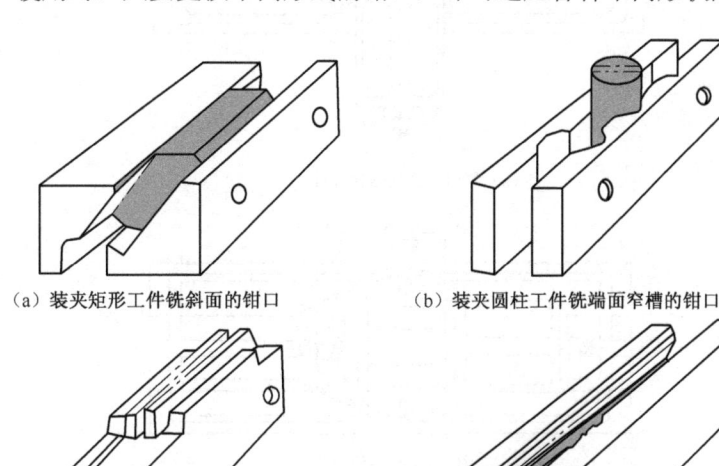

(a) 装夹矩形工件铣斜面的钳口　　(b) 装夹圆柱工件铣端面窄槽的钳口

(c) 装夹矩形小工件铣侧面的钳口　　(d) 装夹圆柱工件铣直角槽的钳口

图 2-23 特殊钳口

（1）平口钳的安装

使用平口钳装夹工件时，先将平口钳安装在铣床工作台台面上，定位键嵌入工件台的定位槽内，用螺钉夹紧固定。安装时，以铣床工作台台面上的 T 形槽定位，如图 2-24 所示。一般情况下，平口钳在工作台台面上的位置应处于工作台长度方向的中心偏左、宽度方向的中心，以方便操作。

图 2-24 平口钳的安装

安装时，平口钳钳口方向应根据工件长度来确定，对于长的工件，安装时应使钳口与铣床主轴轴线垂直；对于短的工件，应使钳口与铣床主轴轴线平行，如图 2-25 所示。

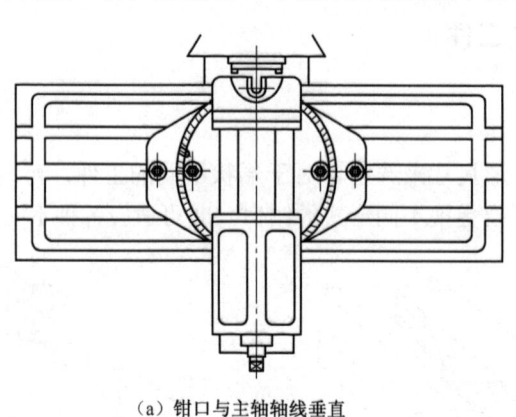

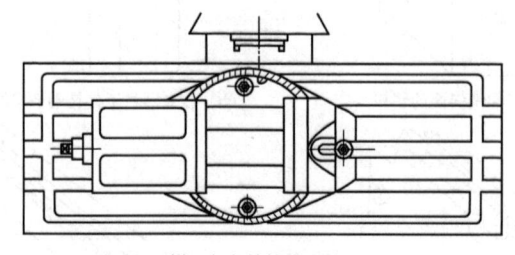

(a) 钳口与主轴轴线垂直

(b) 钳口与主轴轴线平行

图 2-25 平口钳的安装位置

（2）平口钳固定钳口的校正

对于位置精度要求较高的工件，平口钳安装后还应对钳口进行校正，以保证其加工质量。其校正方法见表 2-2。

表2-2 平口钳固定钳口的校正方法

方　法	说　　明	图　解
用划针校正	将划针夹持在刀轴垫圈间，松开钳体紧固螺母，使划针针尖靠近固定钳口平面，纵向移动工作台，观察划针针尖与固定钳口平面间的间隙在钳口全长范围内是否一致，如一致则固定钳口就与铣床主轴轴心线垂直，然后紧固钳体，再进行复检	
用角尺校正	当要求平口钳固定钳口与铣床主轴轴心线平行安装时，可用角尺校正。校正时，松开钳体紧固螺母，将角尺短边靠向铣床床身的垂直导轨面，角尺长边的外侧面靠向平口钳的钳口，观察钳口平面在钳口全长范围内是否与其密合，如密合，则固定钳口与铣床主轴轴心线平行，紧固钳体	
用百分表校正	校正垂直度时，将百分表底座吸在横梁导轨面上，使百分表测量杆与固定钳口平面垂直，让触头与钳口的平面接触，其压缩范围应控制在 0.3～0.4mm 以内，纵向移动工作台，观察百分表读数值，若读数在钳口全长范围内一致，则其位置正确	
	校正平行度时，将百分表底座吸在床身导轨平面上，横向移动工作台进行检验	

2．工件在平口钳上的装夹

（1）毛坯件的装夹

装夹步骤如下：

1）选择毛坯件上一个大而平整的毛坯表面作为粗基准。

2）在钳口上垫上铜皮，如图 2-26 所示。

图 2-26　在钳口上垫铜皮　　　　图 2-27　用划针校正工件

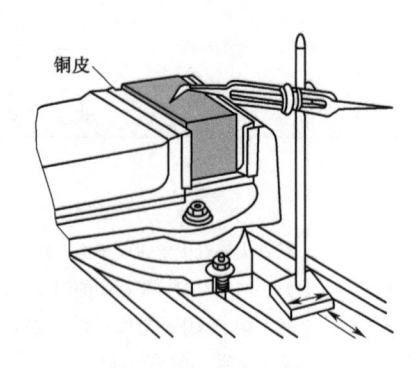

3) 将粗基准面靠在固定钳口面上。
4) 轻夹工件，用划针校正毛坯上平面位置，如图 2-27 所示。
5) 校正合格后夹紧工件。

(2) 经粗加工表面的工件装夹

装夹已粗加工的工件时，应选择一个较大的经粗加工的表面作为基准。其装夹方法如下：

1) 将工件的基准面靠向固定钳口或钳体导轨面上。
2) 为保证工件的基准面与固定钳口平面良好贴合，可在活动钳口和工件之间放一圆棒，通过圆棒将工件夹紧。但要注意在放置圆棒时应与钳口上平面平行，其高度应在钳口夹持工件部分高度的中间或稍偏上一点，如图 2-28 所示。

(3) 已获两个相互垂直的已加工表面的工件装夹

在加工第三个面时的装夹方法如下：

1) 为了使工件基准面与导轨面平行，根据情况在平口钳中放入平行垫铁，如图 2-29 所示。

图 2-28　用圆棒夹持工件　　　　图 2-29　放平行垫铁

2) 原来的基准面靠向钳体导轨面，轻轻夹紧。
3) 用铝或铜锤轻击工件上表面，如图 2-30 所示，并用手试移垫铁，当其不松动时，说明工件与垫铁贴合良好，再夹紧。

3. 装夹注意事项

1) 安装平口钳时，要擦净钳座底面、工作台面。
2) 安装工件时，要擦净钳口铁平面、钳体导轨面及工件表面。

3）工件在平口钳上装夹时，位置要适当，且夹紧后钳口的受力要均匀。

4）工件装夹时，待铣去的余量应高出钳口平面，如图 2-31 所示，以免铣削时伤及钳口。

5）用平行垫铁装夹工件时，所选垫铁的平面度、平行度、相邻表面间的垂直度要符合要求，且垫铁应具有一定的硬度。

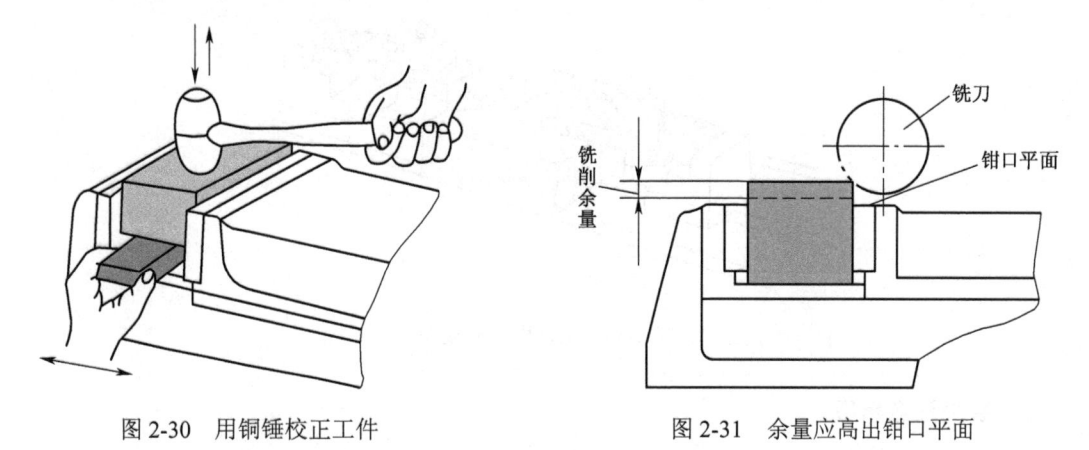

图 2-30　用铜锤校正工件　　　　　图 2-31　余量应高出钳口平面

三、用压板装夹工件

形状、尺寸较大或不便于用平口钳装夹的工件，常采用压板压紧在铣床工作台面上进行铣削加工。

1．装夹工具

用压板装夹工件的主要工具有压板、垫铁、螺栓、螺母等，如图 2-32 所示。压板的形状依工件形状的不同而有很多种。

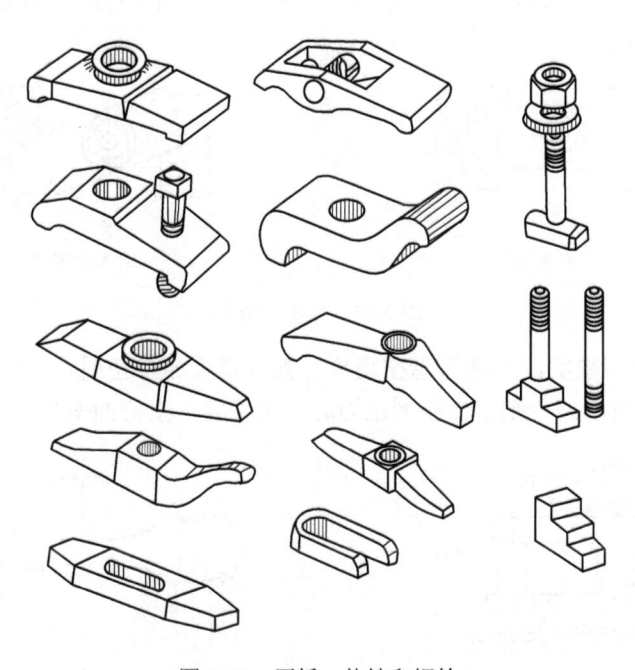

图 2-32　压板、垫铁和螺栓

2. 装夹工件的方法

压板是通过 T 形螺栓、螺母、垫铁将工件夹紧在工作台面上的，装夹工件时，应选用两块以上的压板，压板的一端搭在工件上，另一端搭在垫铁上，如图 2-33 所示。

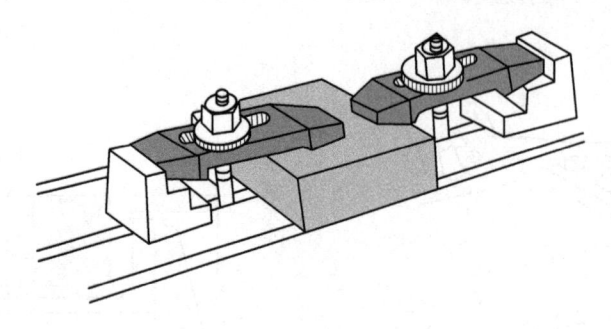

图 2-33　工件用压板装夹

3. 装夹注意事项

1）压板的位置要放置正确，垫铁的高度要适当，压板与工件要接触良好。如果垫铁高度与被夹紧的表面高度不一致（太低），会造成压板倾斜，其夹紧力也不够，如图 2-34 所示。

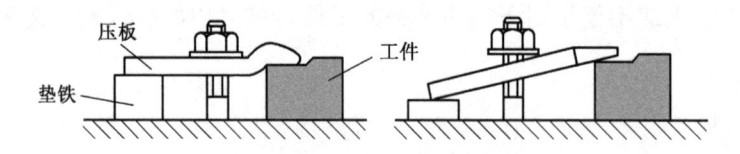

图 2-34　垫铁的高度

2）如图 2-35 所示，安装工件时，压板不能倾斜，否则工件所受夹紧力就偏向一边，不能保证工件的正确安装。

（a）正确位置　　　　　　　　　　　　　（b）错误位置

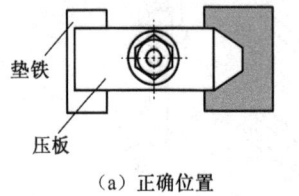

图 2-35　压板的位置

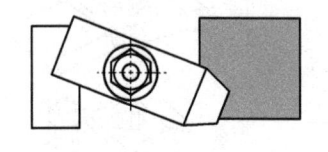

3）工件夹紧处应垫实，不能有悬空现象。被压紧表面悬空时，应在下部垫上适当高度的支承，如图 2-36 所示。否则，当施如压力时，工件会产生弯曲变形，如图 2-37 所示。

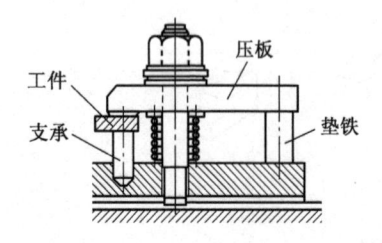

图 2-36　工件悬空部位的支承 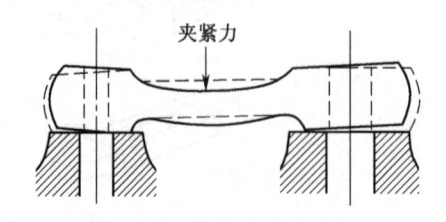　　　　　图 2-37　工件下部悬空产生的弯曲变形

4）工件夹紧时，垫铁与 T 形螺栓要有适当的距离，否则会影响其夹紧力的分配，如图 2-38 所示。

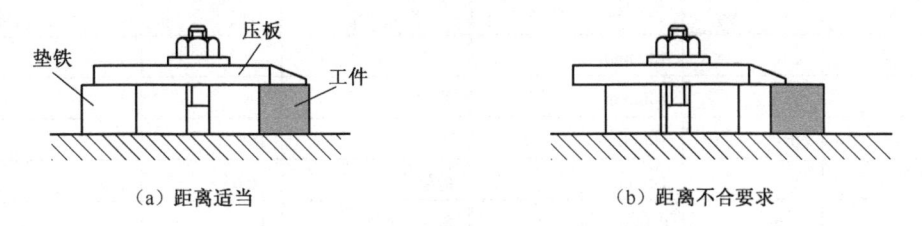

(a) 距离适当　　　　　　　　　　(b) 距离不合要求

图 2-38　垫铁与 T 形螺栓的距离

5）夹紧力的大小要适当，夹紧毛坯面时应在工件和工作台面间垫铜皮。

6）夹紧已加工表面时，应在压板和工件表面间垫铜皮，以防压伤工作台面和工件已加工表面。

活动三　铣削用量具

技能活动目标

1．了解常用量具和量仪的种类和名称。
2．掌握铣削常用量具和量仪的结构特点。
3．掌握铣削常用量具和量仪的认读方法。

技能活动内容

一、单位

1．国际长度单位

国家标准规定，在机械工程图样中所标注的线性尺寸一般以毫米（mm）为单位，且不需要标注计量单位的代号或名称，如"500"即为 500mm，"0.006"即为 0.006mm。

在国际上，有些国家（如美国、加拿大等）采用英制长度单位。我国规定限制使用英制单位。机械工程图样上所标注的英制尺寸是以英寸（in）为单位的，如 0.06in。此外，英制单位的数值还可以用分数的形式给出，如 $\frac{3}{4}$ in，$1\frac{1}{2}$ in 等。

毫米（mm）和英寸（in）可以相互换算，其换算关系如下：

$$1\text{in} = 25.4\text{mm}$$

$$1\text{mm} = \frac{1}{25.4}\text{in} = 0.03937\text{in}$$

机械工程中使用的米制或英制长度单位的名称、代号与进位方法见表 2-3。

表 2-3　米制或英制长度单位的名称、代号与进位方法

单位名称	代 号	进位方法	单位名称	代 号	进位方法
米	m	1000mm	英尺	′	12″
分米	dm	100mm	英寸	″	1″
厘米	cm	10mm	英分	1/8″	1/8″
毫米	mm	1mm	半英分	1/16″	1/16″
丝米	dmm	0.1mm	角（1个塔）	1/32″	1/32″
忽米	cmm	0.01mm	半角（1个64）	1/64″	1/64″
微米	μm	0.001mm	英丝	0.001″	0.001″

2．角度单位

角度的 SI 单位是弧度（rad），但在法定计量单位中，确定与 SI 单位并用的角度单位是度（°），$1°= (\pi/180)$rad。$1°$是一个圆周的 1/360，其他单位还有分（′）、秒（″），并均以 60 为进位方法，即 $1°=60′=360″$。

二、常用量具

1．钢尺

钢尺如图 2-39 所示，它又称为钢皮尺、钢直尺，其规格有 150mm、300mm、500mm、1000 mm 4 种。

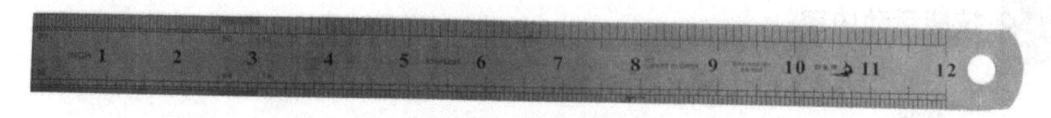

图 2-39　钢尺

钢尺可用来测量工件的外形、高度、宽度、深度等，如图 2-40 所示，但测量精度较低（一般为 0.5mm）。

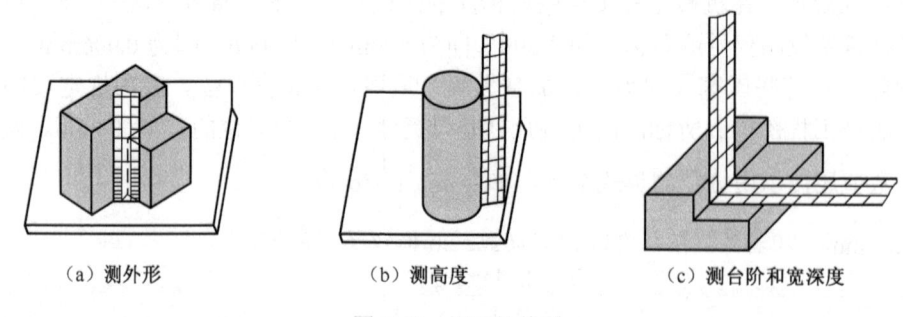

（a）测外形　　　　　（b）测高度　　　　　（c）测台阶和宽深度

图 2-40　钢尺的使用

用钢尺测量工件时，观测的视线应与工件被测表面处于相切的位置，当观测视线歪斜时，就会出现读数误差，如图 2-41 所示。

(a)正确观测　　　　　　　(b)错误观测

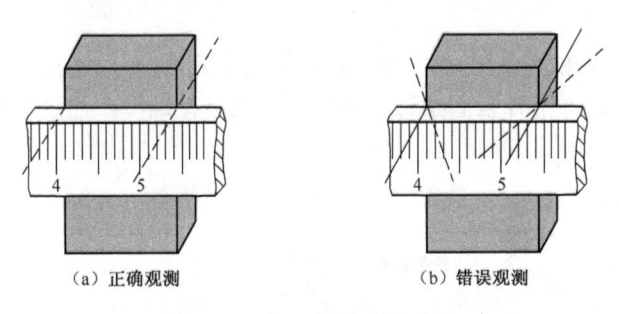

图 2-41　钢尺测量时的观测

2. 游标卡尺

游标卡尺是铣削常用量具之一，其结构简单，使用方便。按式样不同，游标卡尺可分为三用游标卡尺和双面游标卡尺。

（1）三用游标卡尺

三用游标卡尺主要由上量爪、下量爪、紧固螺钉、尺身、游标和深度尺组成，如图 2-42 所示。

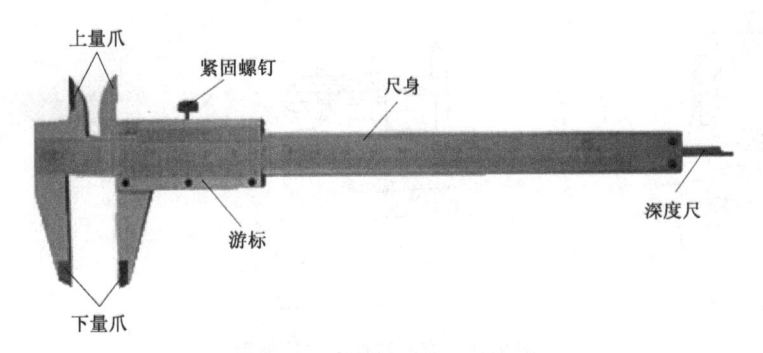

图 2-42　三用游标卡尺的结构

使用时，旋松固定游标用的紧固螺钉即可测量。下量爪用来测量工件的外径和长度，上量爪用来测量孔径和槽宽，深度尺用来测量工件的深度和台阶长度，如图 2-43 所示。

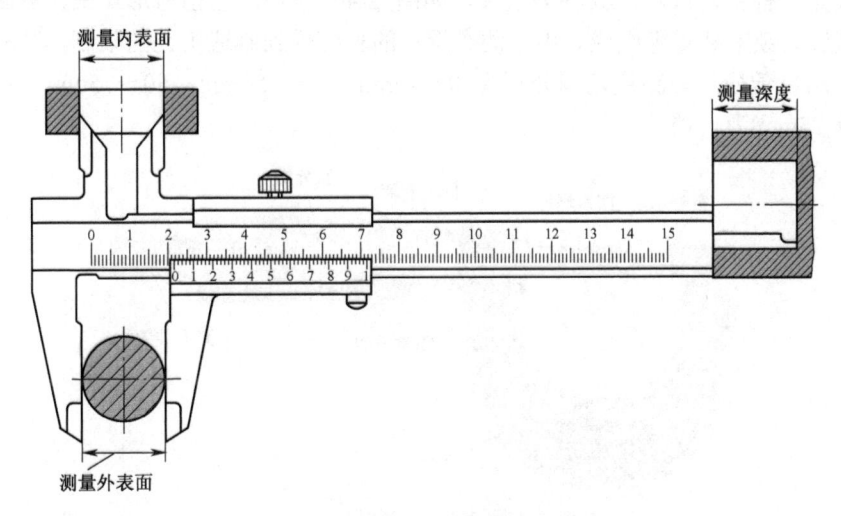

图 2-43　游标卡尺的测量范围

（2）双面游标卡尺

为了调整尺寸方便和测量准确，双面游标卡尺在其游标上增加了微调装置。旋紧固定微调装置的紧固螺钉，再松开紧固螺钉，用手指转动滚花螺母，通过小螺杆即可微调游标，如图 2-44 所示。

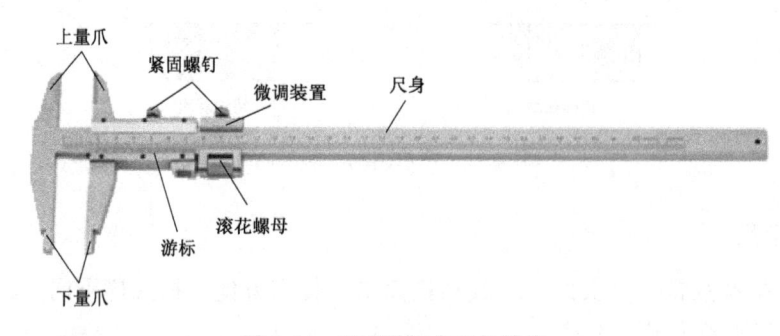

图 2-44 双面游标卡尺的结构

使用时，其上量爪用来测量沟槽直径和孔距，下量爪用来测量工件的外径和孔径，但在测量孔径时，游标卡尺的读数值必须加下量爪的厚度 b（b 一般为 10mm），如图 2-45 所示。

（a）测量孔距　　　　　　（b）测量孔径　　　　　　（c）b 值

图 2-45 双面游标卡尺的使用

3. 千分尺

千分尺是一种精密量具，其种类很多，如图 2-46 所示，它由弓形尺架、测砧、测微螺杆、测力装置、锁紧装置等组成。由于测微螺杆的长度受到制造工艺的限制，其移动量通常为 25mm，所以千分尺的测量范围分别为 0～25mm、25～50mm、50～75mm、75～100mm 等，即每隔 25mm 为一挡。

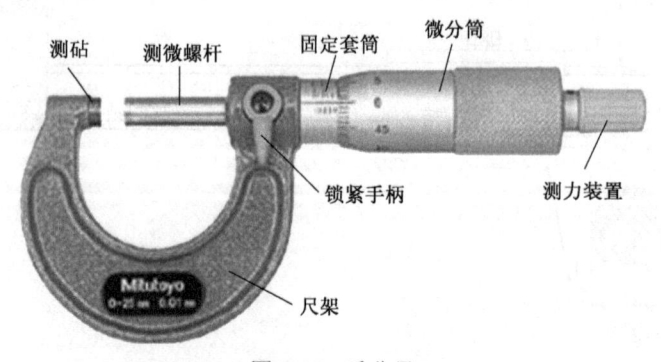

图 2-46 千分尺

千分尺以测微螺杆的运动来进行测量，用千分尺测量时，千分尺可单手握、双手握或将千分尺固定在尺架上进行测量，如图 2-47 所示。

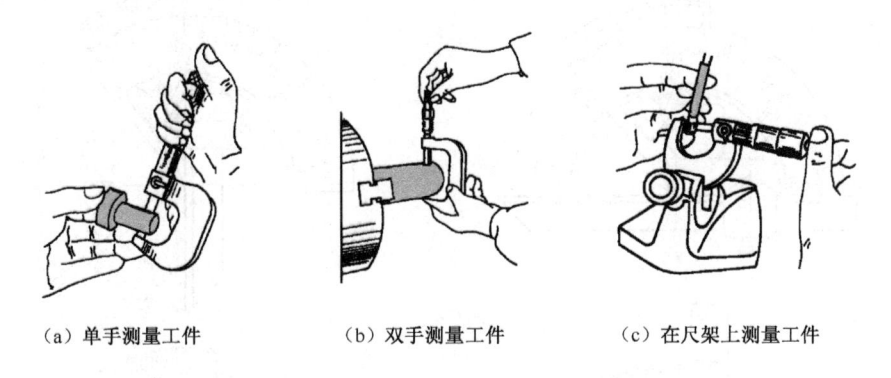

(a) 单手测量工件　　　　(b) 双手测量工件　　　　(c) 在尺架上测量工件

图 2-47　千分尺的使用

4．游标万能角度尺

游标万能角度尺有扇形和圆形两种形式，常用的是扇形，由尺身、角尺、游标、制动器、扇形板基尺、直尺、夹板等组成，如图 2-48 所示。游标万能角度尺用来测量工件内外角。

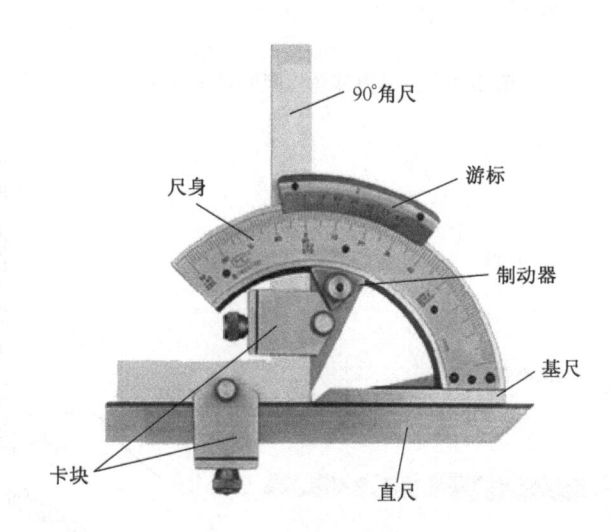

图 2-48　游标万能角度尺

游标万能角度尺的测量范围为 0°～320°，共分 4 段：0°～50°、50°～140°、140°～230°、230°～320°。各测量段的测量方法如图 2-49 所示。

5．深度游标卡尺

深度游标卡尺是一种中等精度的量具，由紧固螺钉、尺身、游标等组成，如图 2-50 所示。它用来测量工件的沟槽、台阶和孔的深度，如图 2-51 所示。

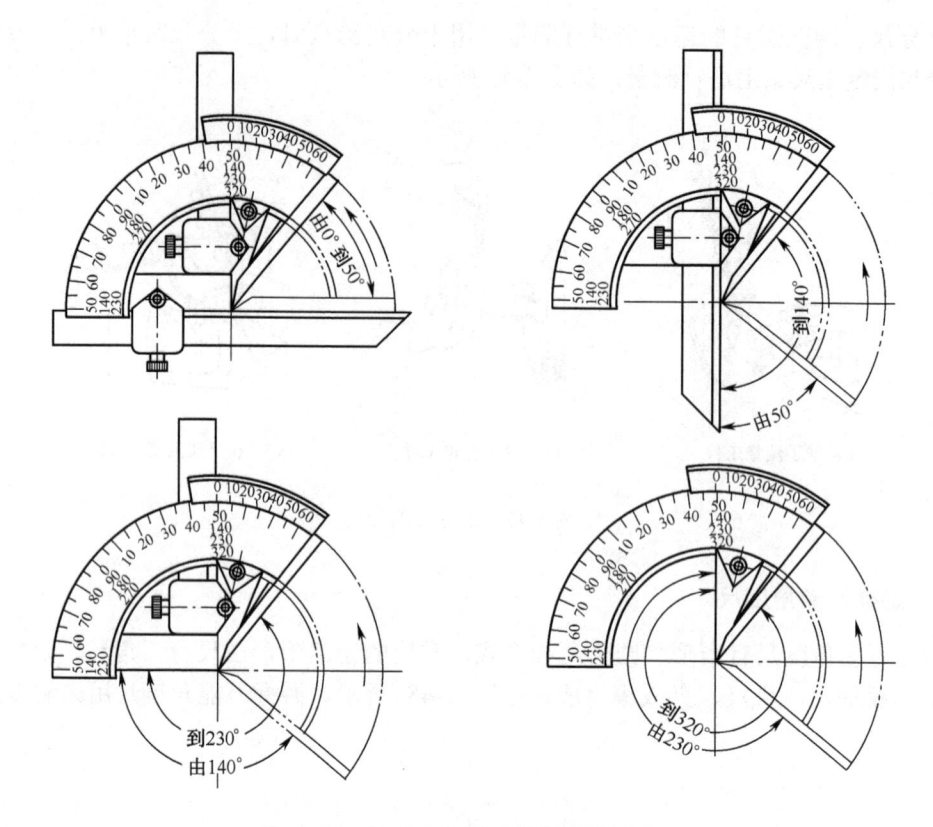

图 2-49 游标万能角度尺测量方法示意

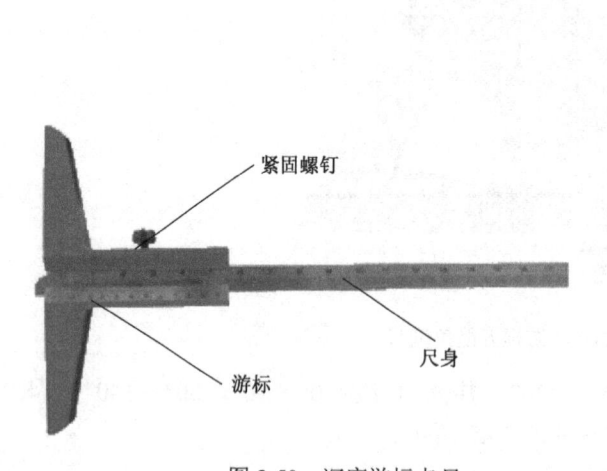

图 2-50 深度游标卡尺

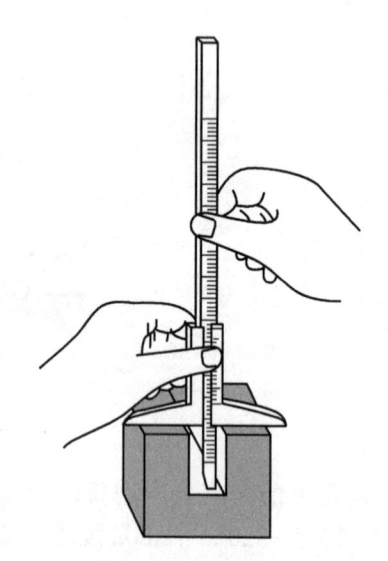

图 2-51 深度游标卡尺的使用

6. 90°角尺

90°角尺由短边和长边组成，如图 2-52 所示，用来检测工件相邻表面的垂直度。其精度等级有四级：00 级、0 级、1 级、2 级。其中 00 级精度最高，0、1、2 级依次降低。

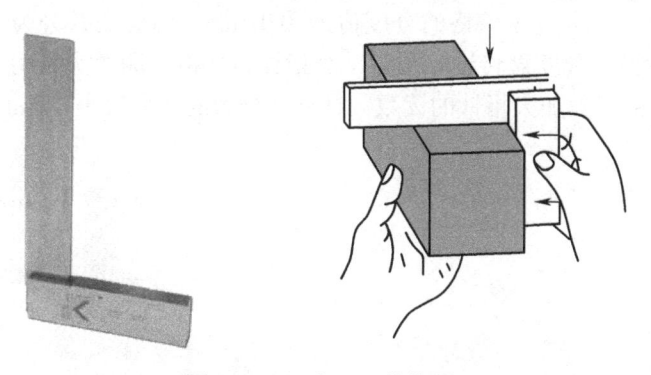

图 2-52 90°角尺及其使用

7. 塞尺

塞尺也叫厚薄规，如图 2-53 所示，它是由不同厚度的薄钢片组成的一套量具，用以检测两个面间的间隙大小，每个钢片上都标有其厚度尺寸。

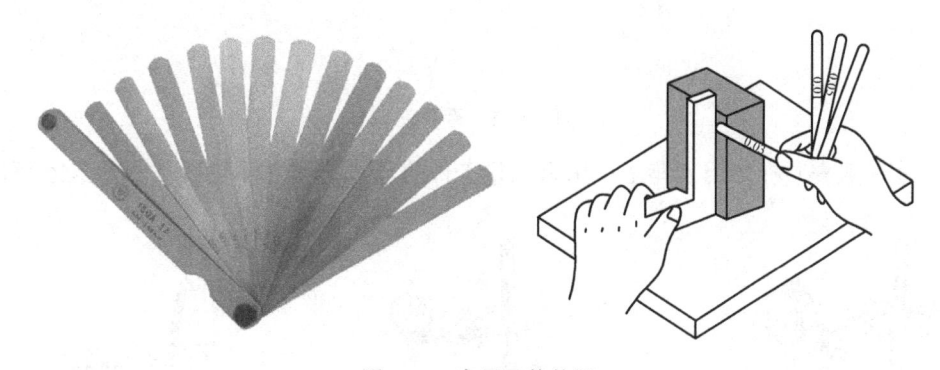

图 2-53 塞尺及其使用

8. 刀口形直尺

刀口形直尺如图 2-54 所示，它是用透光法来检测工件平面的直线度和平面度的量具。检测工件时，刀口要紧贴工件被测平面，然后观察平面与刀口之间的透光缝隙大小，若透光细而均匀，则平面平直。用刀口形直尺检测平面的平面度时，除了沿工件的纵向、横向检测外，还应沿对角线方向检测。

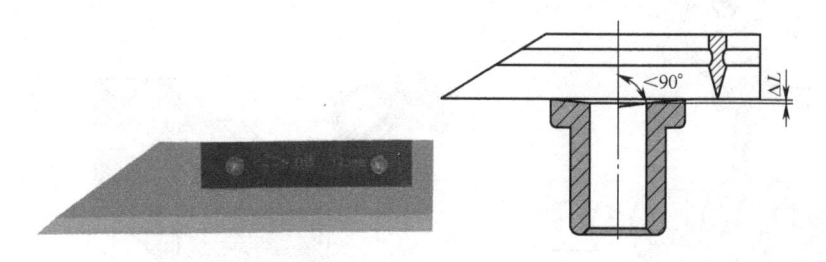

图 2-54 刀口形直尺及其使用

9. 百分表

常用的百分表有钟面式和杠杆式两种，如图 2-55 所示。钟面百分表的测量范围为 0～

5mm 或 0~10mm，其分度盘一格的分度值为 0.01mm，沿圆周共分为 100 格，每一格为 1mm，即当大指针沿大分度盘转过一周时，小指针转一格，测量头移动 1mm。测量头移动的距离等于小指针的读数加大指针的读数。杠杆百分表的体积较小，球面测杆可根据工件而改变测量的位置。

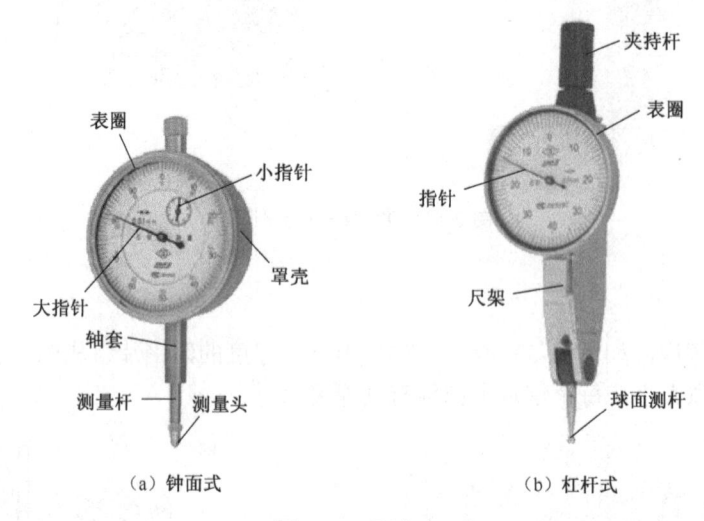

（a）钟面式　　（b）杠杆式

图 2-55　百分表

百分表一般安装在专用表座上，用来测量工件的尺寸、形位公差等，如图 2-56 所示。

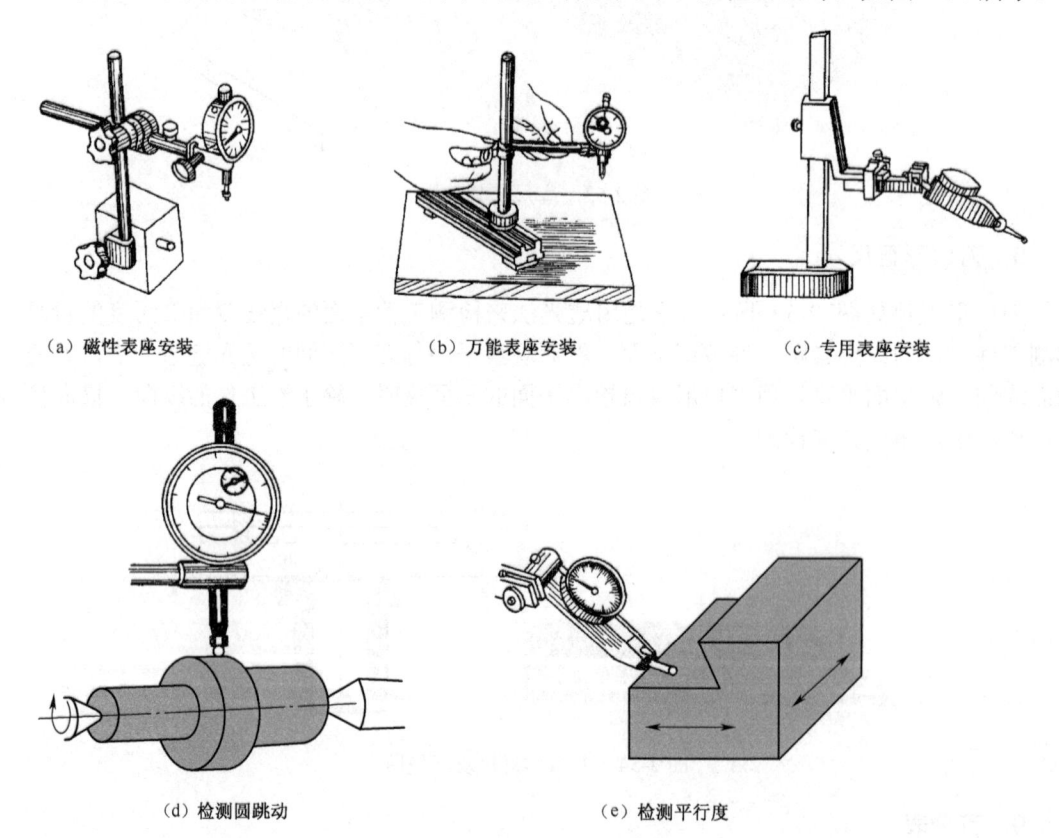

（a）磁性表座安装　　（b）万能表座安装　　（c）专用表座安装

（d）检测圆跳动　　（e）检测平行度

图 2-56　百分表的使用

三、游标卡尺与千分尺的认读

1. 游标卡尺的认读

（1）游标卡尺的读数原理

游标卡尺的测量精度是利用尺身和游标刻线间的距离来确定的。其测量精度一般分为 0.1mm、0.05mm、0.02mm 三种。其中较为常用的为 0.02mm 精度的游标卡尺。现在以测量精度为 0.02mm 的游标卡尺为例，将具体的读数原理介绍如下。

0.02mm 精度的游标卡尺也称为 1/50 精度游标卡尺。这种游标卡尺的应用非常广泛。如图 2-57 所示，它的尺身上每一小格为 1mm，游标刻线总长 49mm，并等分为 50 格，所以每格为 49÷50=0.98mm。这样尺身与游标相对一格之差就为 1-0.98=0.02mm，所以它的测量精度就为 0.02mm。

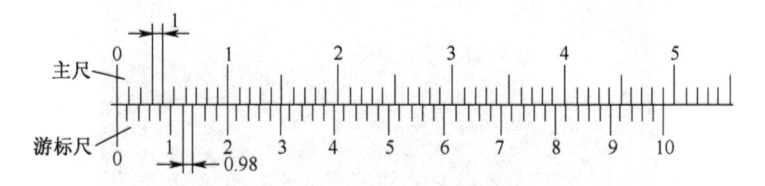

图 2-57 游标卡尺的刻线原理

（2）游标卡尺的认读方法

游标卡尺是以游标的"0"线（零位线）为基准进行读数的。以图 2-58 所示为例，其读数分为如下三个步骤。

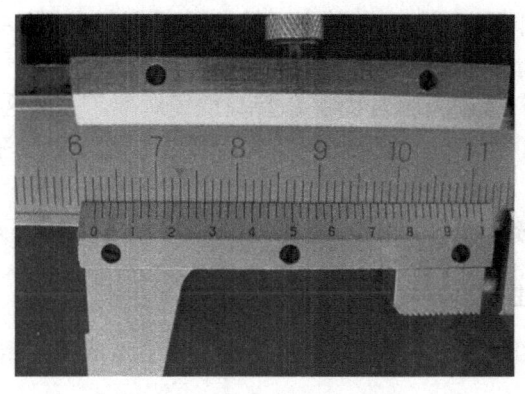

图 2-58 游标卡尺读数示例

第一步：读整数。

以游标"0"线（零位线）为基准，读出游标零位线左侧的尺身上的整毫米值。在图 2-58 中，游标零位线左侧尺身上的整毫米数为 62mm。

第二步：读小数。

找出游标上哪一根刻线与尺身刻线对齐，并用这个刻线数乘以其精度值（0.02mm）。即为小数部分的读数值。在图 2-58 中，游标上的第 11 根刻线与尺身上的刻线对齐，因而小数部分的读数为 11×0.02mm = 0.22mm。

第三步：将整数部分与小数部分相加，即为被测表面的尺寸。

图 2-58 中的结果为 62mm + 0.22mm = 62.22mm。

2. 千分尺的认读

（1）千分尺的读数原理

千分尺测微螺杆的螺距为 0.5mm，固定套管上直线距离每格为 0.5mm。当微分筒转一周时，测微螺杆就移动 0.5mm。微分筒的圆周斜面上刻有 50 格，因此当微分筒转动一格时（即 1/50 一转），测微螺杆就移动 0.5÷50=0.01mm，所以常用千分尺的测量精度为 0.01mm。

（2）千分尺的读数方法

千分尺的读数分三步，现以图 2-59 所示的 0～25mm 千分尺为例，介绍其读数方法。

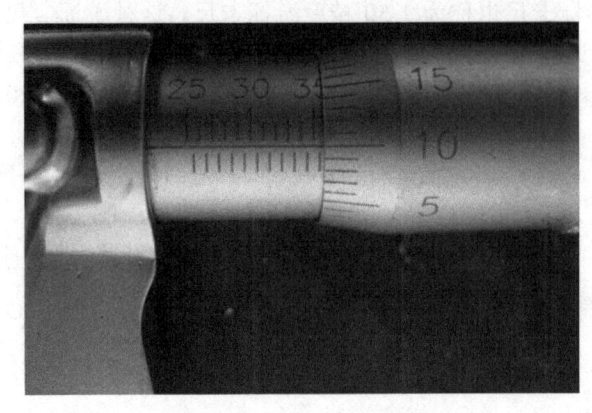

图 2-59　千分尺读数示例

第一步：以微分筒左斜端面为基准刻线，先读出固定套管上露出刻线的整毫米数和半毫米数（这个读数与游标卡尺读数第一步基本相同，就是把微分筒左斜端面看成"游标零位线"，再读出"尺身"，即固定套管上的整毫米数和半毫米数）。图 2-59 中微分筒旋转位置超过了半格，所以固定套管露出的刻线就为 35+0.5=35.5mm。

第二步：看准微分筒上哪一格与固定套管基准线对准，并用这个刻线数乘以千分尺的分度值 0.01mm，读出小数部分。图 2-59 中微分筒上与固定套管基准线对准的线为第 10 条，则其示值为 10×0.01=0.15mm。

第三步：将第一步读数值与第二步读数值相加，即 35.5+0.1=35.6mm。

四、量具使用时的注意事项

1）加工和测量工件时，应合理地选择量具，否则会造成工件精度误差，所以选择量具时应考虑以下几个方面：

① 要根据被测工件的尺寸公差数值选择相应的量具。表 2-4 列出了测量直线尺寸时应使用的量具。

表 2-4　测量直线尺寸时应使用的量具

工件的尺寸公差数值（mm）	选择量具的刻度精度（mm）
0.015～0.03	1 级精度的千分尺
0.03～0.1	0.02 精度的游标卡尺
0.1～0.35	0.02 或 0.05 精度的游标卡尺
0.35 以上	0.1 精度的游标卡尺

② 根据工件被加工表面的精度要求选用合适的量具。例如，测量粗糙毛坯时，就应使用简单或一般的量具（测量毛坯的长度，可先用钢尺检测，而不必先用游标卡尺）。

③ 在大批量生产中，为了节省测量时间，应尽量选用一些专用量具，若使用通用性量具，就会降低测量效率。

2）测量前，先用棉纱把量具和工件上被测量部位都擦干净，并进行零位复位检查，如图 2-60 所示。

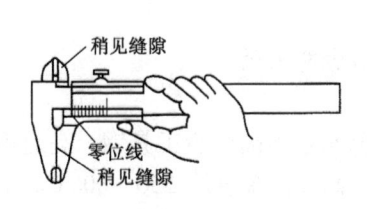

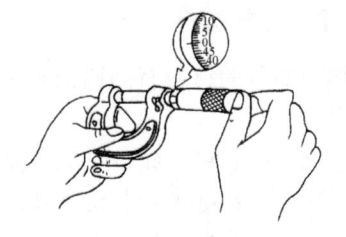

（a）游标卡尺的检查　　　（b）千分尺的检查

图 2-60　量具零位复位检查

3）量具要轻拿稳放，尽量减少振动。
4）使用完毕后，要将量具擦净放入盒内。

活动四　铣削用刀具

技能活动目标

1. 了解铣刀常用材料、种类和应用。
2. 掌握铣刀的选用和装卸方法。

技能活动内容

一、铣刀常用材料

1. 铣刀切削部分的材料的基本要求

铣刀切削部分的材料的基本要求见表 2-5。

表 2-5　铣刀切削部分的材料的基本要求

基本要求	性　能	说　明
高硬度	铣刀切削部分的材料的硬度必须高于工件材料的硬度	常温下硬度一般要求在 60HRC 以上
良好的耐磨性	耐磨性反映了材料抵抗磨损的能力	保证铣刀不易磨损，延长使用寿命
足够的强度和韧性	保证铣刀承受大的切削载荷	足够的强度可保证铣刀在承受很大的切削力时不致断裂和损坏；足够的韧性可保证铣刀在受到冲击和振动时不会产生崩刃和碎裂

续表

基本要求	性　能	说　明
很好的热硬性	热硬性是指切削部分材料在高温下保持切削正常进行所需的硬度、耐磨性、强度和韧性的能力	保证切削加工的顺利进行
良好的工艺性	一般指材料的可锻性、焊接性、切削加工性、可磨性、高温塑性、热处理性能等	工艺性越好，越便于制造

2．铣刀切削部分的材料

常用铣刀切削部分的材料有高速钢和硬质合金两大类。

（1）高速钢

高速钢是以钨、铬、钒、钼、钴为主要合金元素的高合金工具钢。高速钢由于含有大量高硬度碳化物，热处理后硬度可达 63～70HRC，热硬性温度达 550～600℃，具有较好的切削性能，切削速度一般为 16～35m/min。高速钢的强度较高，韧性也好，能磨出锋利的刃口，且具有良好的工艺性，是制造铣刀的良好材料。切削部分材料为高速钢的铣刀有整体式和镶齿式两种。一般形状复杂的铣刀都是高速钢铣刀。常用的牌号有 W18Cr4V，W6M05Cr4V2。

（2）硬质合金

硬质合金以钴为黏结剂，将高硬度难熔的金属物（WC、TiC、TaC、NbC 等）粉末用粉末冶金方法黏结制成。其常温硬度达 89～94HRA，热硬性温度高达 900～1000℃，耐磨性好，切削速度可比高速钢高 4～7 倍，一般用于高速铣削。但其韧性差，承受冲击、振动能力差；刀刃不易磨得非常锐利，加工工艺性差。硬质合金铣刀大多不是整体式，而是将硬质合金刀片以焊接或机械夹固的方法镶装于铣刀刀体上。常用的硬质合金有钨钴、钨钛钴、钨钛钽（铌）钴三类。

二、铣刀的种类

1．铣刀的分类

铣刀的种类很多，其分类方法也很多。通常按其用途分可分为 4 类。

（1）铣平面用铣刀

铣平面用铣刀包括圆柱铣刀、端铣刀、机夹端铣刀，如图 2-61 所示，主要用于粗铣及半精铣平面。

(a) 圆柱铣刀　　　　　(b) 套式端铣刀　　　　　(c) 机夹端铣刀

图 2-61　铣平面用铣刀

（2）铣直沟槽用铣刀

铣直沟槽用铣刀主要有键槽铣刀、盘形槽铣刀、立铣刀、锯片铣刀、三面刃铣刀等，如图 2-62 所示，用于铣削各种槽、台阶平面和各种型材的切断。

(a) 键槽铣刀 (b) 盘形槽铣刀

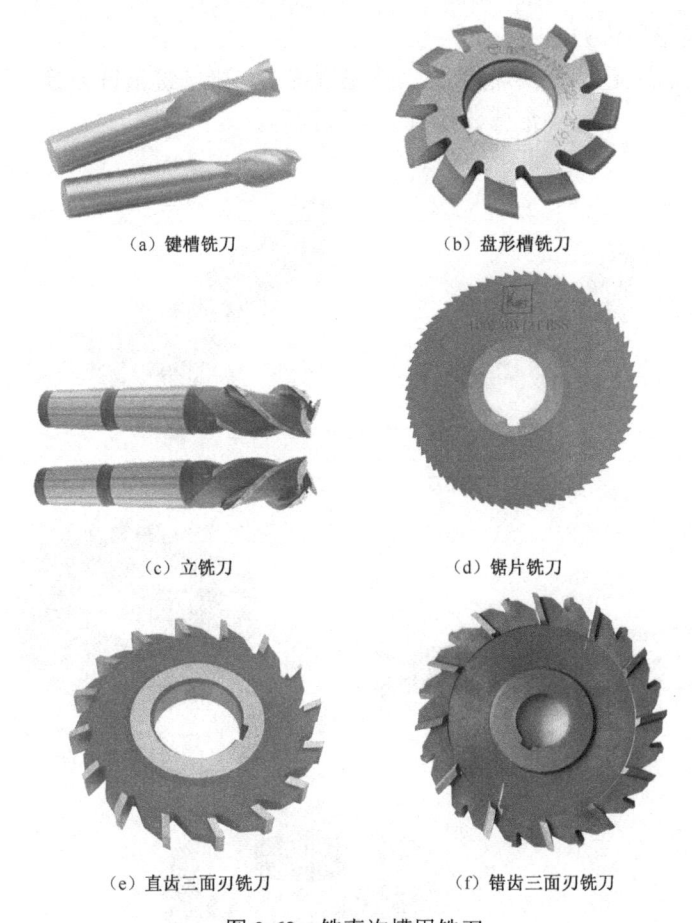

(c) 立铣刀 (d) 锯片铣刀

(e) 直齿三面刃铣刀 (f) 错齿三面刃铣刀

图 2-62　铣直沟槽用铣刀

（3）铣特形面铣刀

铣特形面铣刀包括凸半圆铣刀、凹半圆铣刀、齿轮铣刀等，如图 2-63 所示，用于铣削成形面、渐开线齿轮和涡轮叶片的叶盆内弧形表面等。

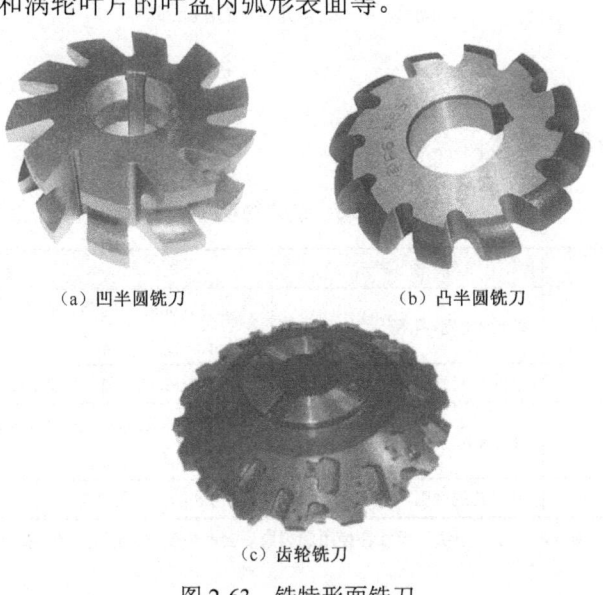

(a) 凹半圆铣刀 (b) 凸半圆铣刀

(c) 齿轮铣刀

图 2-63　铣特形面铣刀

(4) 铣特形沟槽用铣刀

铣特形沟槽用铣刀包括 T 形槽铣刀、燕尾槽铣刀、半圆键槽铣刀等，如图 2-64 所示，用于铣削 T 形槽、燕尾槽、V 形槽、螺旋齿的开齿等。

(a) T 形槽铣刀　　(b) 燕尾槽铣刀

(c) 半圆键槽铣刀　　(d) 单角铣刀

(e) 双角铣刀

图 2-64　铣特形沟槽用铣刀

2. 铣刀的规格

铣刀的规格也很多，具体内容见表 2-6。

表 2-6　铣刀的规格

铣刀类型	规格表示	示　例
圆柱铣刀、三面刃铣刀、锯片铣刀等带孔铣刀	外径×宽度×孔径	如 75×60×27 的圆柱铣刀，则表示外径 75mm、宽度 60mm、孔径 27mm
立铣刀、键槽铣刀	以外径尺寸表示	如 ϕ30mm 的立铣刀，表示直径为 30mm
角度铣刀	外径×宽度×孔径×角度	如 60×18×22×60° 的角度铣刀，表示外径 60mm、宽度 18mm、孔径 22mm、角度 60° 的单角铣刀
凸、凹半圆铣刀	以刀具的圆弧半径表示	如 R8 的凸半圆铣刀，表示铣刀的圆弧半径为 8mm

注：铣刀标记中的尺寸均为基本尺寸，但铣刀尺寸在使用和刃磨后会产生变化，因而在使用时应加以注意。

三、铣刀刀齿的形状

1. 铣刀的组成

如图 2-65 所示,铣刀由刀体、刀槽角、前刀面、后刀面等部分组成。

铣削时,刀刃切入工件金属层形成切屑,切屑从刀齿上流出的那个面就是前刀面;与已加工表面相对的那个面就是后刀面;前刀面与后刀面相交线处为切削刃。

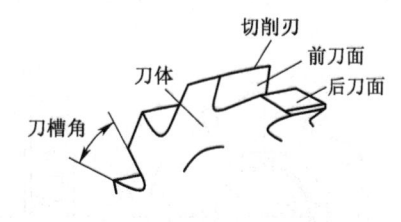

图 2-65 铣刀的组成

2. 铣刀的刀齿

铣刀的工作范围很广,种类也很多,因此,铣刀的齿背形状和刀齿形状都各不相同。铣刀的齿背有尖齿形和铲齿形;其刀齿有直齿、交错齿和螺旋齿。

(1) 尖齿铣刀和铲齿铣刀

尖齿铣刀如图 2-66 所示,其刀齿类似锯齿,很锋利,它的齿背有直线形、抛物线形和折线形。这类铣刀有立铣刀、圆柱铣刀、三面刃铣刀等。

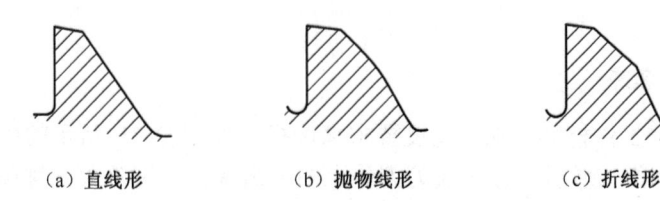

(a) 直线形　　(b) 抛物线形　　(c) 折线形

图 2-66 尖齿铣刀

铲齿铣刀也称为曲线齿背铣刀。如图 2-67 所示,铲齿铣刀的齿背是阿基米德螺旋线形,刃口很锋利,铣刀磨损后要刃磨前刀面,刃磨后刀齿几何形状不变,这类铣刀有齿轮铣刀、特形铣刀等。

(2) 直齿、交错齿和螺旋齿铣刀

直齿铣刀如图 2-68 所示,其刀齿呈直线形。这种铣刀在切削过程中,其全部齿长同时与工件的被切削面相接触,因而会引起振动,所以要求其宽度尺寸尽量小一些。

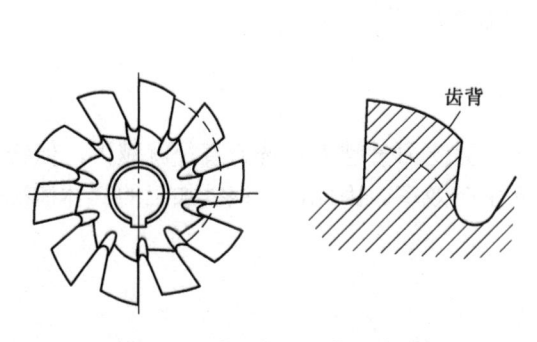

图 2-67 铲齿铣刀及其刀齿形状 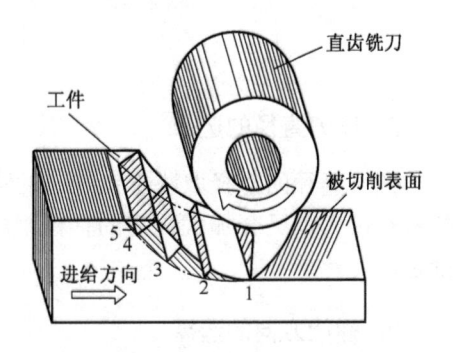　　图 2-68 直齿铣刀及其切削情况

交错齿铣刀如图 2-69 所示，它将相邻的刀齿做成只有一侧的刃（一个向左斜、一个向右斜）。这种铣刀改善了直齿铣刀的切削情况，提高了铣削速度和进给量。

螺旋齿铣刀如图 2-70 所示，其刀齿是斜绕在铣刀刀体上的，切削加工时，前一刀齿未全部离开工件，后一刀齿已经开始切入，没有了冲击且振动较小，提高了铣刀的使用寿命。

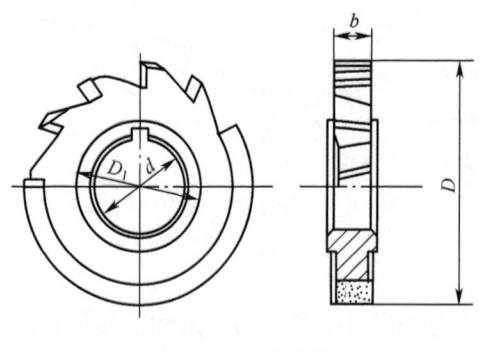

图 2-69　交错齿铣刀

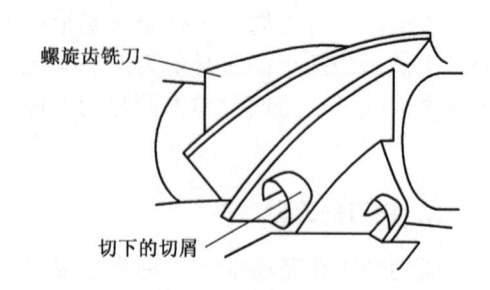

图 2-70　螺旋齿铣刀及其切削情况

四、铣刀的选择

选择铣刀应先确定铣刀的种类、规格尺寸、铣刀的齿数与直径的大小，同时要考虑铣刀的螺旋方向。

1. 铣刀齿数的选择

铣刀齿数应根据工件材料、加工精度要求来选择。如图 2-71 所示的尖齿铣刀，根据齿数的多少做成粗齿和细齿两种，粗齿铣刀刀体上的刀齿稀，齿槽角大，排屑方便；细齿铣刀的刀齿较密，加工时能获得较好的表面质量。

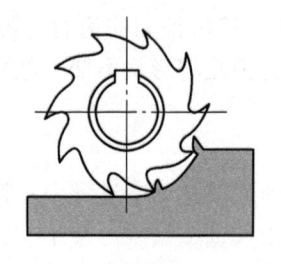

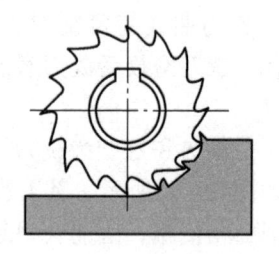

图 2-71　尖齿铣刀

2. 铣刀直径的选择

铣刀直径的选择取决于铣削时的背吃刀量。背吃刀量越大，铣刀直径就越大，但铣刀的直径过大，又会加大铣刀的行程距离，降低生产效率。因此，应根据加工的具体情况来确定。

3. 螺旋方向的选择

螺旋齿铣刀有两种方向，在铣削加工时，会产生很大的轴向推力。因此，在铣削宽平面时，应选择螺旋方向相反的铣刀，并采用如图 2-72（a）所示的安装方法，使两把铣刀的轴向力互相靠拢，如果采用图 2-72（b）所示的安装方法，铣削时两把铣刀互相推离，铣出的工件表面就会出现一条凸印。

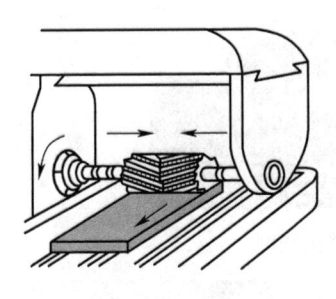

（a）轴向力互相靠拢 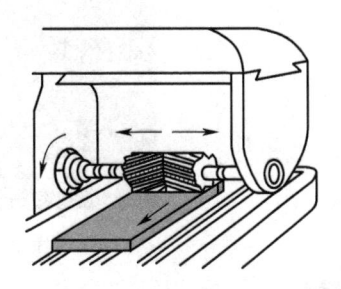　　　　　　（b）轴向力互相推离

图 2-72　铣刀的安装方法

五、铣刀的装卸与检查

1. 带孔铣刀的装卸

圆柱形铣刀、三面刃铣刀、锯片铣刀都是带孔铣刀，这些铣刀须借助铣刀杆安装在铣床主轴上。铣刀杆的结构如图 2-73 所示。常用刀轴根据铣刀孔径的大小有 ϕ22mm、ϕ27mm、ϕ32mm 三种，且刀轴上配有垫圈和紧刀螺母。

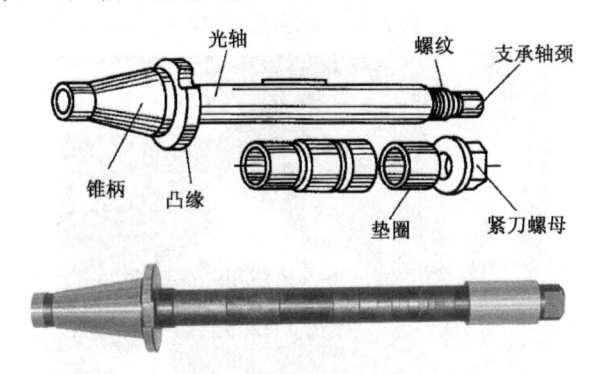

图 2-73　铣刀杆的结构

（1）铣刀杆的安装

安装步骤如下：

1）根据铣刀孔径选择相应直径的铣刀杆。为增加铣刀杆的刚度，铣刀杆长度应在满足安装铣刀后不影响正常铣削的前提下尽量选择短一些。

2）松开铣床横梁的紧固螺母，调整横梁的伸出长度，使其与铣刀杆长度相适应，然后紧固横梁，如图 2-74 所示。

3）将铣床主轴转速调至最低，再将主轴锁紧。

4）擦净铣床主轴锥孔和铣刀杆锥柄，如图 2-75 所示。

5）右手将铣刀杆的锥柄装入主轴锥孔，安装时刀杆凸缘上的缺口应对准主轴端前的凸键，如图 2-76 所示。

图 2-74 调整横梁伸出长度

(a) 擦主轴锥孔 　　　　　　(b) 擦铣刀杆锥柄

图 2-75 擦净装入部位

图 2-76 安装刀杆

6）左手顺时针转动主轴锥孔中的拉紧螺杆，使拉紧螺杆前端的螺纹旋入铣刀杆的锥柄螺纹孔内，然后用扳手旋紧拉紧螺杆上的背紧螺母，将铣刀杆拉紧在主轴锥孔内，如图 2-77 所示。

（2）铣刀的安装

安装步骤如下：

1）擦净铣刀杆光轴、垫圈和铣刀，如图 2-78 所示。

2）装入垫圈，如图 2-79 所示。

3）装上铣刀，如图 2-80 所示。

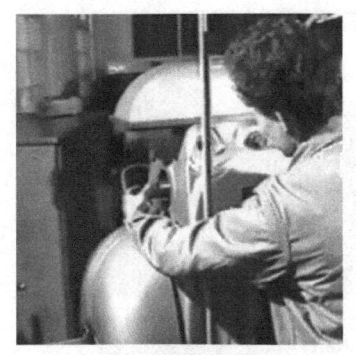

　　　　（a）旋入拉紧螺杆　　　　　　　　　（b）扳手旋紧背紧螺母

图 2-77　拉紧刀杆

图 2-78　擦铣刀杆光轴　　　　　　　　　图 2-79　装入垫圈

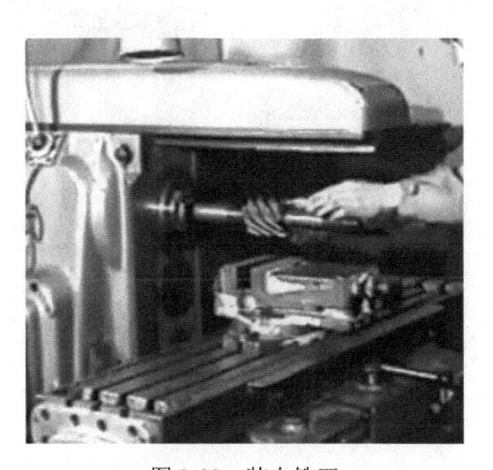

图 2-80　装上铣刀

4）装入部分垫圈，并留足够的配合长度。
5）擦干净挂架轴承孔和横梁燕尾槽导轨，如图 2-81 所示。
6）双手将挂架装入横梁导轨，如图 2-82 所示。
7）适当调整挂架轴承孔与铣刀杆支承轴颈的间隙，然后紧固挂架，如图 2-83 所示。

图 2-81　擦挂架和导轨

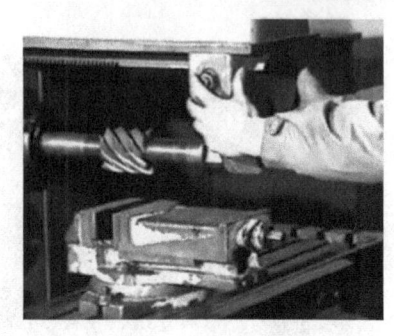

图 2-82　装入挂架　　　　　图 2-83　紧固挂架

8）旋紧铣刀杆上的螺母，通过垫圈将铣刀夹紧在铣刀杆上，如图 2-84 所示。

图 2-84　紧固铣刀

（3）铣刀的拆卸

铣刀的拆卸与装夹刚好相反，其操作步骤如下：

1）将主轴转速调至最低，并将主轴锁紧。

2）反向旋转铣刀杆紧刀螺母，松开铣刀。

3）调节挂架轴承，然后松开并取下挂架。

4）旋下铣刀杆紧刀螺母，取下垫圈和铣刀。

5）松开铣刀杆的背紧螺母，然后用锤子（或铜棒）轻轻敲击拉紧螺杆端部，如图 2-85 所示。使铣刀杆锥柄在主轴孔中松动，右手握铣刀杆，右手旋出拉紧螺杆，取下铣刀杆。

6）铣刀杆取下后，应洗净，涂油。为避免因放置不当而引起铣刀杆弯曲变形，应将铣刀杆垂直放置在专用支架上，如图 2-86 所示。

图 2-85　用铜棒敲松拉紧螺杆 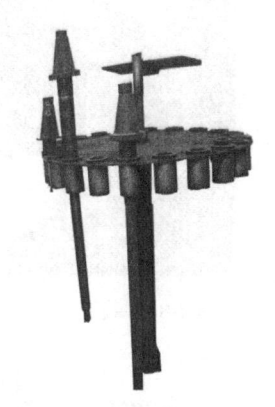　　　　图 2-86　铣刀杆的放置

2．柄式铣刀的装卸

立铣刀、T 形槽铣刀、键槽铣刀等都带有刀柄，刀柄分锥柄和直柄两种。

（1）锥柄铣刀的装卸

锥柄立铣刀、锥柄 T 形槽铣刀、锥柄键槽铣刀等，其柄部一般采用 Morse 锥度，有 Morse NO1、Morse NO2、Morse NO3、Morse NO4、Morse NO5 共 5 种，按铣刀直径的不同，制成不同号锥柄。

1）锥柄铣刀的安装步骤如下。

① 擦净铣床主轴锥孔和铣刀锥柄，如图 2-87 所示。

（a）擦主轴锥孔 　　　　（b）擦铣刀锥柄

图 2-87　擦净装入部位

② 垫棉纱，用左手握住铣刀，将铣刀锥柄装入主轴锥孔内，如图 2-88 所示。

③ 用扳手旋紧拉紧螺杆，紧固铣刀，如图 2-89 所示。

当铣刀锥柄与主轴锥孔锥度不同时，需要借助中间锥套安装铣刀。中间锥套的外锥度与主轴锥孔锥度相同，而内孔锥度则与铣刀锥柄锥度一致，如图 2-90 所示。

2）锥柄铣刀的拆卸步骤如下。

① 将主轴转速调至最低或将主轴锁紧。

② 用扳手旋松拉紧螺杆。

图 2-88 装铣刀 　　　　　　　　图 2-89 紧固铣刀

(a) 中间锥套 　　　　　(b) 铣刀

图 2-90 借助中间锥套安装铣刀

③ 当螺杆上台阶端面上升到贴平主轴端部背帽的下端平面后，继续用力旋转拉紧螺杆，在背帽限位的情况下，拉紧螺杆将铣刀向下推动，松开锥面配合。

④ 用左手托住铣刀，右手继续旋转拉紧螺杆，直到取下铣刀。

(2) 直柄铣刀的安装

直柄铣刀一般通过钻夹头或弹簧夹头安装在主轴锥孔中，如图 2-91 所示。

(a) 钻夹头 　　　　(b) 弹簧夹头 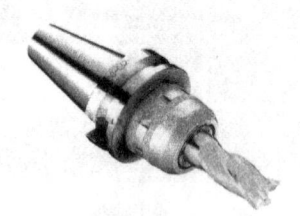　　　　(c) 铣刀在弹簧夹头上的装夹

图 2-91 直柄铣刀的安装

3. 铣刀的检查

铣刀安装后应进行以下几方面的检查：

1）检查铣刀装夹是否牢固。

2）检查挂架轴承孔与铣刀杆支承轴颈的配合间隙是否合适，一般情形下以铣削时不振动、挂架不发热为宜。

3)检查铣刀回转方向是否正确(在启动铣床后,铣刀应朝着前面方向回转)。

4)检查铣刀刀齿的径向圆跳动和端面圆跳动。对于一般的铣削,可用目测法或凭经验来确定铣刀是否符合规定要求,而对于精密铣削,则要用百分表来检查。

检查时,将专用表座吸在铣床工作台台面上,使百分表测量头接触铣刀的刃口部位,测量杆垂直于铣刀轴线,如图 2-92(a)所示,检查其径向圆跳动;或者将测量头压在铣刀端面上(即平行于铣刀轴线),如图 2-92(b)所示,检查铣刀端面圆跳动。要求应在 0.05~0.06mm 范围内。如跳动过大,则应拆下铣刀重新安装,并找出不符合要求的原因。

(a)检查铣刀径向圆跳动　　　　　　　　(b)检查铣刀端面圆跳动

图 2-92　铣刀圆跳动的检查

项目三 平面和连接面的铣削

平面是构成机械零件的基本表面之一。平面可以在铣床上加工，铣削平面是铣工的基本加工内容，也是进一步掌握铣削其他各种复杂表面的基础。

活动一 平面的铣削

技能活动目标

1. 掌握用圆柱铣刀和端铣刀铣削平面的方法。
2. 正确选用铣削平面时的铣刀和切削用量。
3. 正确区别顺铣和逆铣。
4. 掌握平面的检验方法。
5. 分析铣平面时的质量问题。

技能活动内容

一、平面铣削的技术要求

平面的技术要求包括平整程度和表面程度两个方面，平整程度用平面度来度量，表面程度用表面粗糙度来度量，如图 3-1 所示，它们是衡量平面质量好坏的标度。

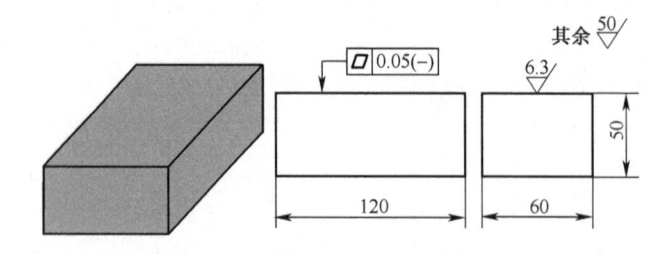

图 3-1 平面度与表面粗糙度

1. 平面度

图 3-1 中的 ⌖ 0.05(−) 表示平面度，"0.05"是平面度的公差带值，即平面度公差值为 0.05mm，表示六面体在整个平面的高低变化不允许超过 0.05mm，如图 3-2 所示。符号"(—)"表示平面只允许凹。

图 3-2 平面度公差说明

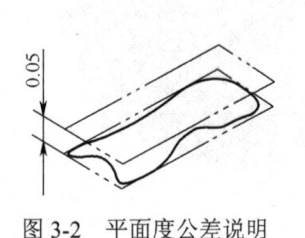

1—具有宏观形状误差的轮廓; 2—具有微型形状误差的轮廓;
3—具有波纹度误差的轮廓

图 3-3 零件的表面轮廓

2. 表面粗糙度

表面粗糙度是指加工表面所具有的较小间距和微小峰谷不平度。它是对表面微观几何误差的描述。平面度是对表面宏观几何误差的描述,如图 3-3 所示。图 3-1 中的 $\overset{6.3}{\triangledown}$,表示上表面的表面粗糙度 R_a 值应不大于 6.3μm。

二、平面的铣削方法

平面可以在卧式铣床上安装圆柱铣刀铣削加工,如图 3-4 所示;也可在卧式铣床上安装端铣刀进行铣削,如图 3-5 所示;还可以在立式铣床上安装端铣刀来进行立铣铣削,如图 3-6 所示。

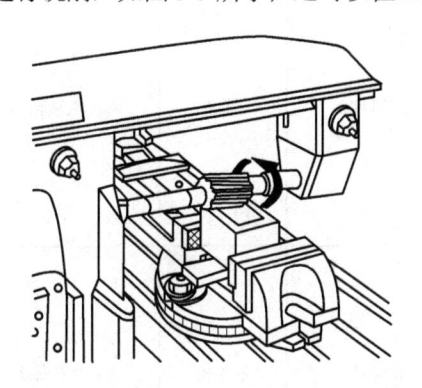

图 3-4 在卧式铣床上用圆柱铣刀铣削平面

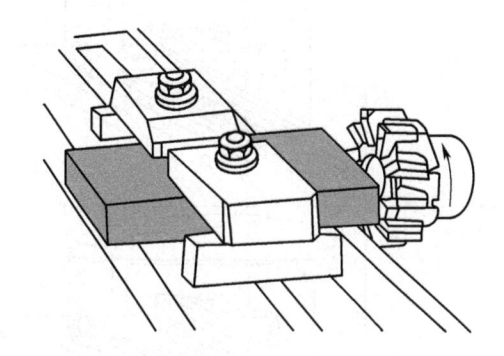

图 3-5 在卧式铣床上用端铣刀铣削平面

1. 用圆柱铣刀铣平面

(1) 铣刀的选择

用圆柱铣刀铣削平面时,铣刀的选择原则如下:

1) 铣刀宽度应大于工件加工表面的宽度,这样可以在一次进给中铣削出整个加工表面,如图 3-7 所示。

2) 粗加工平面时,应选用粗齿铣刀。

3) 精加工平面时,应选用细齿铣刀。

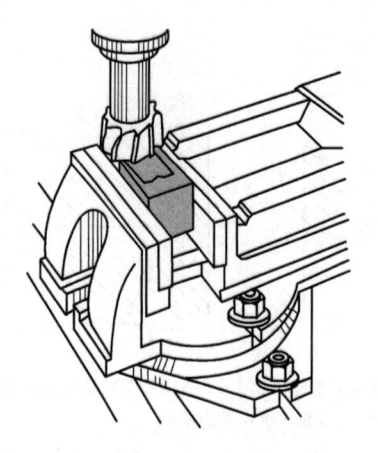

图 3-6　在立式铣床上用端铣刀铣削平面　　　　图 3-7　铣刀宽度大于加工表面宽度

（2）铣刀的安装
铣刀安装要求如下：
1）铣刀应尽量靠近床身安装。
2）铣刀应向着前刀面和旋转方向。
3）圆柱铣刀安装时应考虑铣刀的旋向，其安装说明见表 3-1。

表 3-1　圆柱铣刀的安装说明

铣刀旋向	安装简图	主轴旋转方向	说　明	轴向力方向
左旋		逆时针	正确	向着主轴轴承
右旋		顺时针	不正确	离开主轴轴承

4）若铣削余量大，铣削宽度较宽且工件材料较硬，应在铣刀和铣刀杆间安装定位键，以防止铣刀在切削中产生松动，如图 3-8 所示。

（3）铣削的方式
铣削的方式有顺铣和逆铣。当铣刀的旋转方向与工件进给方向相同时，铣削为顺铣；与进给方向相反时为逆铣，如图 3-9 所示。

图 3-8　在铣刀和铣刀杆间安装定位键

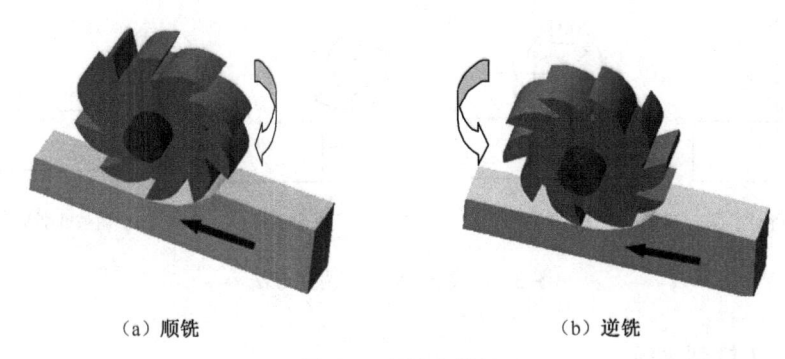

（a）顺铣　　　　　　　　　（b）逆铣

图 3-9　顺铣和逆铣

顺铣时，因铣床工作台丝杠和螺母间存在传动间隙，会使工作台蹿动，造成铣削时工件的啃伤，并损坏铣刀，因此一般情况下应采用逆铣。另外，在铣削时，应使铣削力的方向作用于固定钳口，如图 3-10 所示，以防铣削过程中工件飞出。

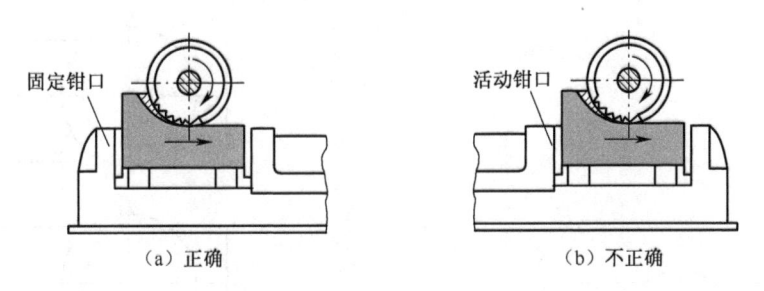

（a）正确　　　　　　　　　（b）不正确

图 3-10　铣削时的铣削方向

（4）铣削用量的选择

铣削用量应根据工件材料、加工表面余量大小、工件加工表面尺寸精度和表面质量要求，以及铣刀、设备、夹具等条件来确定。表 3-2 是铣削平面时铣削用量的一般选择，仅供参考。

表 3-2　铣削平面时铣削用量的一般选择

铣 削 用 量	切削深度 a_p（mm）	每齿进给量 f_z（mm）	铣削速度 v_c（m/min）
粗铣	2～4	0.15～0.3	16～35
精铣	0.5～1	0.07～0.2	80～120

（5）铣削深度的调整

铣床各部调整完成以及工件装夹校正后，铣削深度的调整步骤如下：

1）启动铣床使铣刀旋转，手摇各进给操作手柄，使工件处于旋转的铣刀的下方，如图 3-11（a）所示。

2）上升工作台，使铣刀轻轻划着工件，如图 3-11（b）所示。

3）退出工件，如图 3-11（c）所示。

4）上升垂直进给，调整好铣削深度，如图 3-11（d）所示。

5）将横向进给紧固，手摇纵向进给手柄使工件接近铣刀。

6）扳动机动进给手柄，自动走刀铣除加工余量。

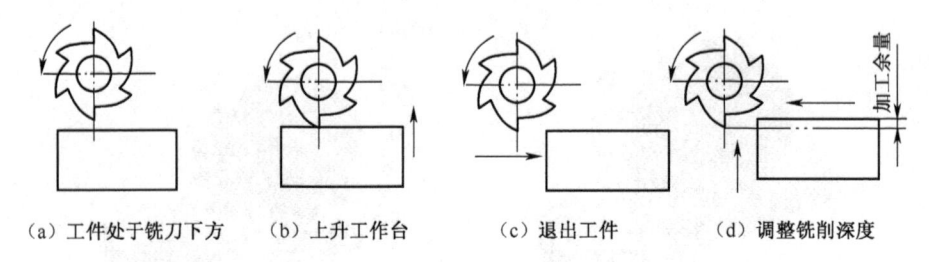

（a）工件处于铣刀下方　（b）上升工作台　（c）退出工件　（d）调整铣削深度

图 3-11　铣削深度的调整方法

2. 用端铣刀铣削平面

（1）对称铣与不对称铣

端铣时，工件的中心处于铣刀中心位置，称为对称铣，如图 3-12 所示。端铣时，工件中心没有处于铣刀中心位置，而是偏向一侧，这种铣削加工称为不对称铣，如图 3-13 所示。

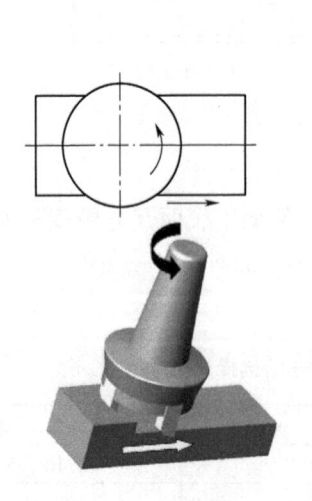

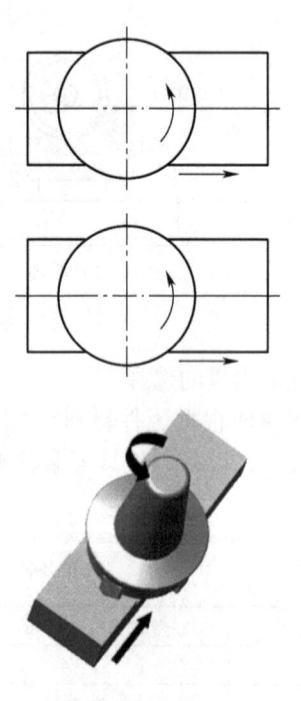

图 3-12　对称铣　　　　　　　图 3-13　不对称铣

项目三 平面和连接面的铣削

对称铣时,一半是顺铣,一半是逆铣。不对称铣也有顺铣和逆铣。当工件的被加工表面较宽,且接近于铣刀直径时,应采用对称铣加工;但为了避免铣削中工作台出现蹿动而影响铣削的平稳性,有时也采用不对称逆铣。

(2)铣刀的选择

用端铣刀铣削平面时,为了使加工的平面在一次进给中铣成,选择的铣刀直径应为被加工表面宽度的1.2~1.5倍,如图3-14所示。

(3)立铣头主轴轴心线与工作台台面垂直度的校正

对于安装有万能立铣头的铣床来说,用端铣刀进行平面铣削时,如果立铣头轴心线与工作台台面不垂直,铣削加工时会将工件铣削出一个凹面,如图3-15所示。因而必须对立铣头进行校正检验,其校正方法见表3-3。

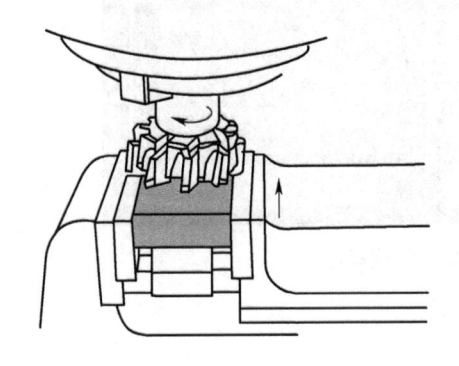

图3-14 端铣刀直径略大于加工面宽度 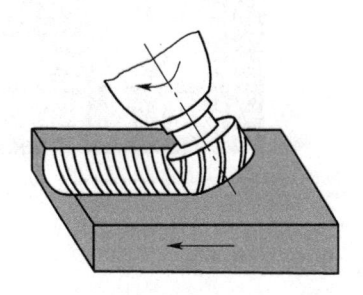　　图3-15 在立式铣床上用端铣刀铣削出凹面

表3-3 立铣头主轴轴心线与工作台台面垂直度的校正

方法	图示	操作说明	要求	调整
90°角尺校正	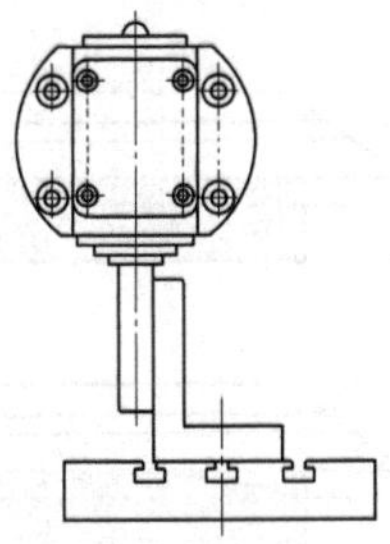	先将锥度心轴插入立铣头主轴锥孔中,再用角尺短边底面贴在工作台台面上,用角尺长边外测量面靠向心轴圆柱面	1. 应从与纵向进给平行与垂直两个方向检测 2. 以密合或上下间隙均匀为合格	检测校正过程中,可松开立铣头壳体和主轴座体的紧固螺母,调整立铣头主轴轴线在两个方向上的垂直度误差,合格后再紧固螺母
百分表校正	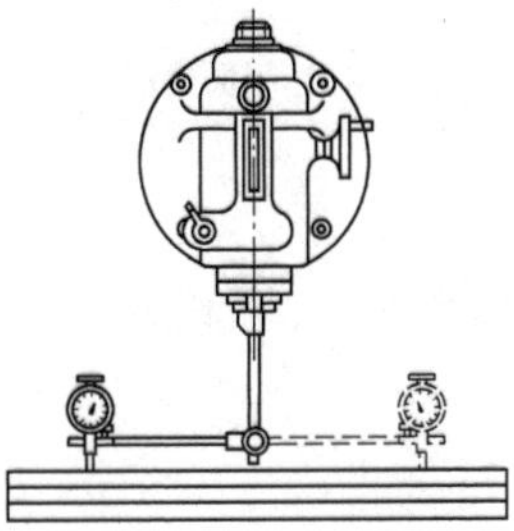	将表杆夹持在立铣头主轴上,安装百分表,使表的测量杆与工作台台面垂直,测量触头与工作台台面接触,测量杆压缩0.3~0.4mm,记下百分表的读数值,将立铣头回转一周,观察其指针变化	在直径300mm的回转范围内不超过0.03mm即为合格	如果超差,则应松开回转盘紧固螺钉,进行适当调整后再进行检测,直至合格为止

三、平面的检测

1. 表面粗糙度的检测

由于加工方法不同，铣出的刀纹痕迹也不同，一般情况下，凭经验用肉眼观察即可进行判断，也可用标准样板（如图 3-16 所示）进行比较。

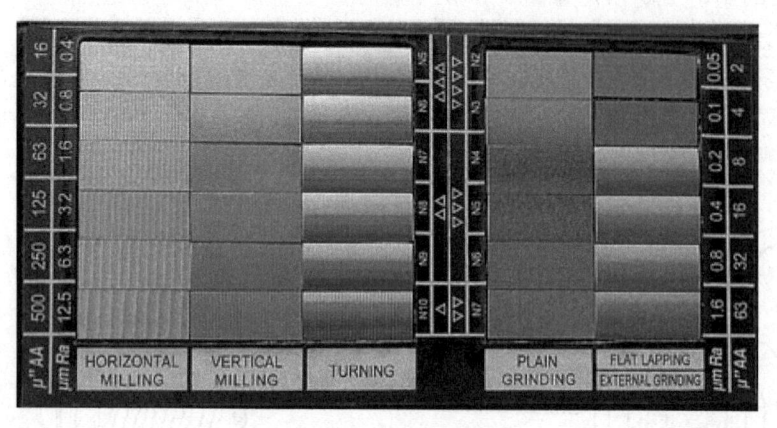

图 3-16　表面粗糙度标准样板

2. 平面度的检测

铣削出的平面应符合图样规定的平面度要求，因此，平面铣削好后，一般都用刀口尺通过透光法进行检测，如图 3-17 所示。对于平面度要求较高的平面，则可用标准平板来检测。检测时在标准平板上涂上红丹粉，再将工件上的平面放在标准平板上进行对研，对研后取下工件，观察工件平面的着色情况，若着色均匀而细密，则表示平面的平面度较好。

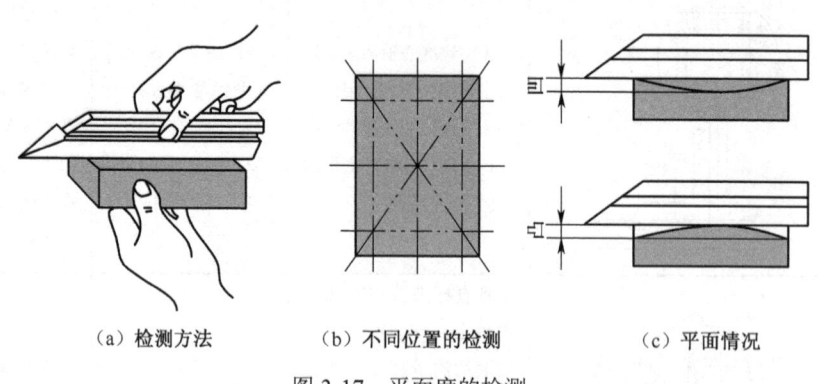

（a）检测方法　　　（b）不同位置的检测　　　（c）平面情况

图 3-17　平面度的检测

四、活动实施

1. 平面铣削图样

平面铣削图样如图 3-18 所示。

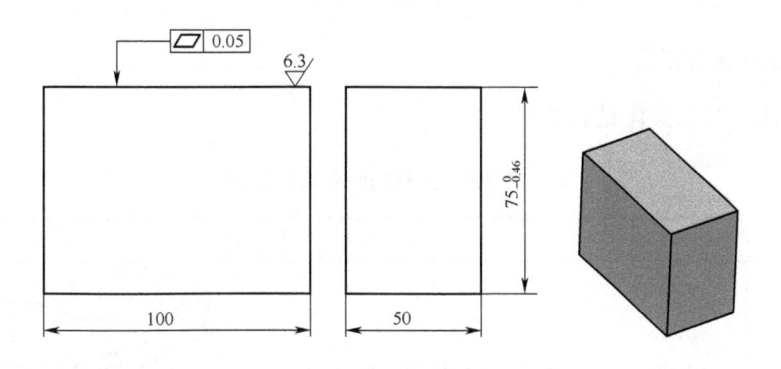

图 3-18 平面铣削图样

2. 平面铣削工艺准备

平面铣削工艺准备见表 3-4。

表 3-4 平面铣削工艺准备

内 容	准备说明	图 示
毛坯	工件毛坯为 100mm×80mm×50mm，材料为 45#钢。工件只要求对其上表面进行铣削	
铣刀的选择	根据要求选用 80mm×80mm×32mm 的高速钢粗齿圆柱铣刀（或选用ϕ80mm 的端铣刀）	
设备的选用	准备好 X6132 型卧式铣床（或立铣）	
铣削用量的选择	根据工件材料、刀具直径和刀具材料，工件分两次进给铣削完成，第一次粗铣，铣削层深度为 4mm，即 a_p=2mm；第二次精铣，铣削层深度为 1mm，即 a_p=0.5mm。f=60mm/min, n=118rpm	

3. 平面的铣削加工

工件的铣削加工操作见表 3-5。

表 3-5 工件的铣削加工操作

步　骤	操作说明	图　解
装夹工件	工件采用平口钳装夹（注意应使工件的加工面高出钳口），下面垫平行垫铁，并校正	
对刀	启动铣床，手摇纵向进给手柄，使工件处于铣刀下方，再摇垂直进给手柄，上升工作台，使铣刀微切工件表面，然后退出工件	
调整切削深度	上升垂直进给至切削深度，然后紧固横向进给，摇纵向进给手柄，使工件接近铣刀	
铣削	扳动纵向机动进给手柄，自动走刀进行铣削	
检测	铣削完成后，停止主轴旋转，降落工件台，卸下工件，用游标尺检测工件尺寸；用标准样板检测表面粗糙度；用刀口尺检测平面度	

五、平面铣削时的质量分析与注意事项

1. 表面粗糙度不符合要求

（1）产生原因
1）铣削进给过快。
2）铣刀磨损，且刀齿圆跳动过大。
3）挂架轴承间隙过大。
4）铣削中停止自动进给。
5）铣削完成后未能降落工作台就直接退出工件。
6）铣削时未能锁紧其他进给机构。

（2）解决措施
1）选择合理的铣削用量。
2）更换铣刀，并在安装后检查铣刀圆跳动误差。
3）挂架安装时应擦净挂架轴承孔，并及时检查挂架轴承间隙，还应适当注入润滑油。
4）注意铣削情况，特别是精铣。
5）注意操作流程，铣削完成后应马上停止主轴旋转，并降落工作台后再退出工件。
6）铣削时，应锁紧不使用的进给机构，以避免铣削时产生振动。

2. 平面度不符合要求

（1）产生原因
1）圆柱铣刀的圆柱度差，铣削出的平面不平整。
2）立铣时立铣头零位不准。
3）端铣时工作台零位不准。
4）工件装夹不牢固。

（2）解决措施
1）选用较好的圆柱铣刀，并检查其圆跳动。
2）及时调整好立铣头轴线与进给方向的垂直度误差。
3）及时调整好工作台零位。
4）认真装夹工件，并校正。

3. 操作中的注意事项

1）调整铣削深度时，若手柄摇过头，应及时消除丝杠和螺母间隙，不能直接退回刻度。
2）铣削中不能用手摸工件和铣刀。
3）铣削中不准测量工件。
4）铣削中不能随意变换进给量。
5）铣削中不准随意停止进给。
6）进给结束后，应先停止主轴旋转，再降落工作台，然后再退出工件。
7）铣削时，铣床不使用的进给机构应紧固。
8）注意安全文明生产，保持工作位置的整洁。

活动二 平行面和垂直面的铣削

技能活动目标

1. 正确确定矩形工件加工顺序和基准面。
2. 掌握垂直面、平行面的铣削方法。
3. 分析矩形工件铣削时的质量问题。

技能活动内容

平行面和垂直面的铣削，除了需要保证平面度和表面粗糙度要求外，还需要保证相对基准面的位置精度（如平行度、垂直度、倾斜度等）以及基准面间的尺寸精度要求。

一、用圆周铣铣削平行面和垂直面

圆周铣是利用分布在铣刀圆柱面上的刀刃进行铣削的加工方式。

1．平行面的铣削

平行面是指与基准面平行的平面。平面铣削时，一般都在卧式铣床上用平口钳装夹进行铣削，因此平口钳钳体的导轨面是主要的定位面。在装夹高度低于平口钳钳口高度的工件时，要在工件基准面与平口钳钳体导轨间垫放两块厚度相等的平行垫铁，如图 3-19 所示。较厚的工件，最好垫上两条厚度相等的薄铜皮，以便检查基准面与平口钳导轨是否平行。

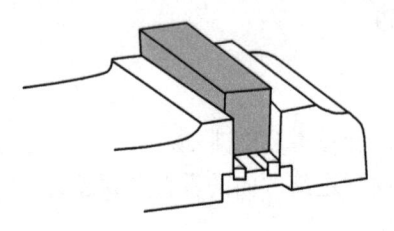

图 3-19 用平行垫铁装夹铣削平面

用这种装夹方法铣削时，影响平行度的因素见表 3-6。

表 3-6 用平行垫铁装夹铣削时影响平行度的因素

原　因	影　响　因　素	措　施
基准面与钳体导轨面不平行	1. 平行垫铁的厚度不相等 2. 平行垫铁的上下表面与工件基准面和平口钳钳体导轨面之间有杂物 3. 工件上与固定钳口相贴合的平面与基准面不垂直 4. 活动钳口与平口钳钳体导轨间存在间隙	1. 为了保证厚度相等，应在平面磨床上同时磨出 2. 擦拭干净各相关表面 3. 工件与固定钳口面紧密贴合，在活动钳口处不放置圆棒 4. 夹紧后须用铜质或木质锤轻轻敲击工件顶面，直至两平行垫铁的四端无松动

续表

原因	影响因素	措施
钳体导轨面与工作台台面不平行	1. 底面与工作台台面之间有杂物 2. 平口钳钳体导轨面本身与底面不平行	1. 注意清除毛刺和切屑 2. 检查平口钳钳体导轨面与工作台台面间的平行度
圆柱形铣刀的原因	1. 铣刀圆柱度误差大 2. 铣刀杆轴线与工作台台面不平行	1. 更换铣刀,认真检测,正确安装 2. 选用好的铣刀杆,正确安装和检测

铣削平行面时,还需要保证两平行平面之间的尺寸精度要求。在单件生产时,平行面的加工一般采取铣削→测量→再铣削……的循环方式进行,直至达到规定的尺寸要求为止。因此,控制尺寸精度必须注意粗铣时切削抗力大,铣刀受力抬起量大,精铣时切削抗力小,铣刀受力抬起量小,在调整工作台上升距离时,应加以考虑。当尺寸精度要求较高时,应在粗铣与精铣之间增加一次半精铣(余量以 0.5mm 为宜),再根据余量大小借助百分表调整工作台升高量。经粗铣或半精铣后测量工件尺寸一般应在平口钳上测量,不要卸下工件。

2. 垂直面的铣削

垂直面是指与基准面垂直的平面。
(1) 工件的装夹方式
用圆周铣铣垂直面时工件的装夹方式见表 3-7。

表 3-7 用圆周铣铣垂直面时工件的装夹方式

设备	工件的装夹方式	图示	适应范围
卧铣	平口钳	工件长度大于铣刀宽度 工件较短	较小的工件
	角铁		基准面较宽而加工面较窄的工件

续表

设　备	工件的装夹方式	图　示	适 应 范 围
立铣	压板		基准面宽而长，但加工面较窄的工件

（2）用平口钳装夹铣削时影响垂直度的因素

用平口钳装夹铣削时影响垂直度的因素见表3-8。

表3-8　用平口钳装夹铣削时影响垂直度的因素

原　因	影响因素	调整方法
固定钳口面与工作台面不垂直	平口钳使用过程中钳口有磨损，或者平口钳底座有毛刺或切屑	1. 在固定钳口处垫铜皮或纸片 2. 在平口钳底面垫铜皮或纸片 3. 校正固定钳口的钳口铁 4. 去除平口钳底座的毛刺 5. 将平口钳底面及工作台面擦拭干净
基准面没有与固定钳口贴合	1. 工件基准面与固定钳口之间有切屑 2. 工件的两对面不平行	1. 将钳口与基准面擦拭干净 2. 在活动钳口处放置一圆棒
铣刀因素	圆柱度误差大	1. 更换铣刀 2. 合理安装铣刀
基准面影响	基准面平行度误差大	1. 选择大而平整的面 2. 将基准面先进行粗加工
夹紧力太大	夹紧力太大使平口钳变形，造成固定钳口面外倾	合理地夹紧工件，以保证铣削时不产生位移或振动，不能用接长手柄夹紧工件

需要说明的是：在校正平口钳固定钳口的钳口铁时，应使用一块表面磨得很平整、光滑的平行铁，将其光洁平整的一面紧贴固定钳口，在活动钳口处放置一圆棒，将平行铁夹牢，再用百分表校验贴牢固定钳口的一面，使工作台作垂直运动。在上下移动200mm的长度上，百分表读数的变动应在0.03mm以内，如图3-20所示。如果读数变动量超出0.03mm，可把固定钳口铁卸下，根据差值方向进行修磨直至满足要求。

二、用端铣铣削平行面和垂直面

端铣是利用分布在铣刀端面上的刀刃进行铣削的加工方式。

1．平行面的铣削

（1）在立式铣床上端铣平行面

当工件有台阶时，可直接用压板将工件装夹在立式铣床的工作台台面上，使基准面与工作台台面贴合，如图3-21所示。

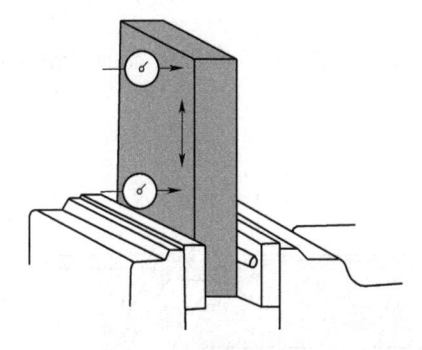

图 3-20 校正固定钳口的垂直度 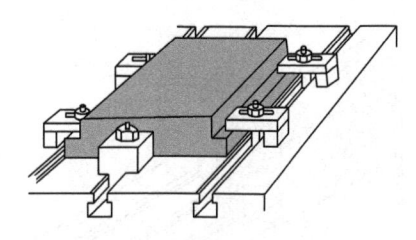　　　　图 3-21 工件有台阶时的装夹方法

（2）在卧式铣床上端铣平行面

当工件无台阶时，可在卧式铣床上用端铣刀铣削平行面。工件装夹时，可采用定位键定位，使基准面与纵向进给方向平行，如图 3-22 所示。也可以利用靠铁定位安装，如图 3-23 所示。如果工件底面与基准面垂直，就不需要进行校正；如果不垂直，则需要垫准或将底面重新铣削一次，以保证底面与基准面垂直。在采用垫准的方法时，要用 90°角尺或百分表校正基准面。

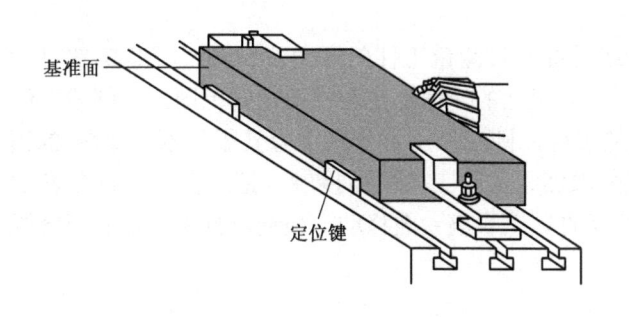

图 3-22 工件无台阶时的装夹方法 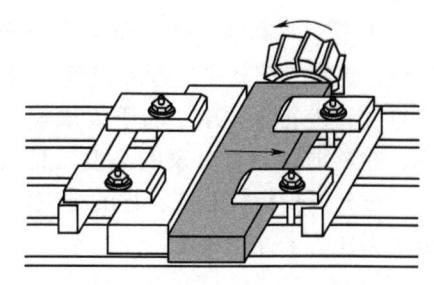　　　　图 3-23 用靠铁定位安装

2. 垂直面的铣削

（1）用平口钳装夹端铣垂直面

用端铣的方法铣削较小工件的垂直面时，工件一般采用平口钳装夹，可在立式铣床或卧式铣床上进行。用端铣刀铣削时，工件在平口钳内的装夹方法，以及影响垂直度的因素和调整的措施与圆周铣垂直面时基本相同。不同的地方是：用圆柱形铣刀铣削时，铣刀的圆柱度误差会影响加工面与基准面之间的垂直度、平行度；用端铣刀铣削时则无此情况，但铣床主轴轴线与进给方向的垂直度误差会影响加工面与基准面之间的垂直度、平行度。例如在立式铣床上端铣时，若立铣头的零位不准，用横向进给会铣出一个与工作台台面倾斜的平面；用纵向进给进行非对称铣削，则会铣削出一个不对称的凹面。同样，在卧式铣床上端铣时，若工作台零位不准，用垂向进给会铣削出一个斜面；用纵向进给做非对称铣削，也会铣削出一个不对称的凹面。

（2）在卧式铣床工作台台面上装夹端铣垂直面

较大尺寸的垂直面，用端铣刀在卧式铣床上铣削较为准确和简便，如图 3-24 所示。用这种方法铣削，铣削出的平面与工作台台面垂直。当采用垂向进给时，由于不受工作台零位准确度的影响,精度更高。

另外,在铣削板件时,工件可在一次装夹中用立铣刀采用纵、横进给铣削出相互垂直的两个侧平面,如图3-25所示。

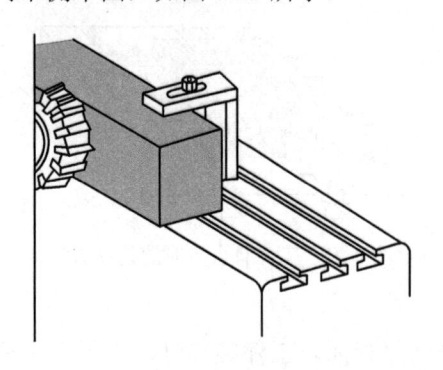

图3-24 在卧式铣床上用端铣铣削垂直面

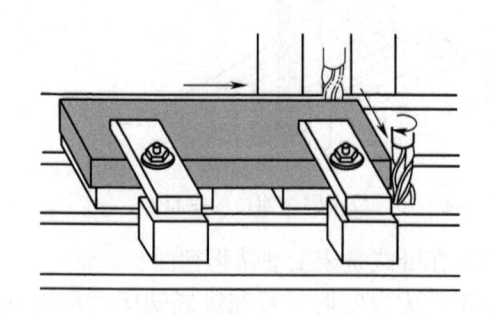

图3-25 一次装夹中铣削出垂直面

三、平行度与垂直度的检测

1. 平行度的检测

对于要求不高的工件,可用千分尺或游标卡尺测量工件的四角及中部,观察各部尺寸的差值,这个差值就是平行度误差。如果所有尺寸的差值都在图样要求的范围内,则该工件的平行度误差符合要求。对于要求较高的工件,则应该用百分表检验其平行度,如图3-26所示。检验时调整百分表的高度,使百分表测量头与工件平面接触,把工件放在百分表下面,将百分表长指针对准表盘的零位,使工件紧贴表座台面移动,根据百分表读数的变化便可测出工件的平行度误差。

2. 垂直度的检测

对于垂直度要求不高的工件,可用宽座角尺检验垂直度;对于垂直度要求较高的工件,要用百分表检验,如图3-27所示。把标准角铁放在平板上,将工件用C形夹头夹在角铁上,工件下面垫上圆棒,使百分表测量头与被测平面接触,沿工件定位基准面垂直方向移动百分表,根据百分表读数值的变化,便可测出垂直度误差。

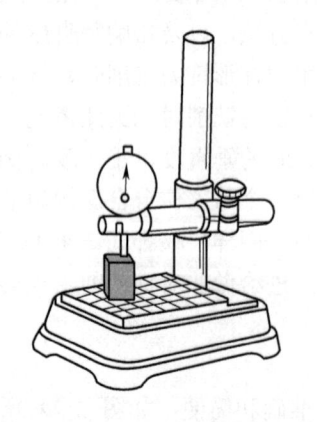

图3-26 用百分表检验工件平行度

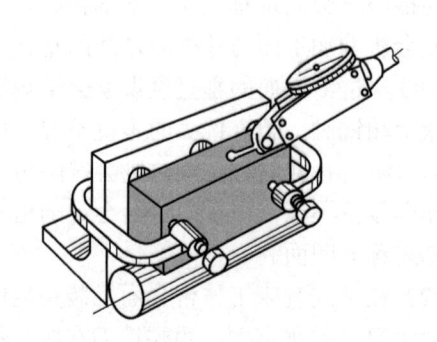

图3-27 用百分表检验垂直度

四、矩形工件的加工顺序

1. 定位基准的确定

铣削矩形工件时，应选择一个较大的面或用图样上的设计基准面作为定位基准面，这个表面必须是第一个需要安排铣削的表面。在加工其余各表面时，都要以这个表面为基准进行铣削加工。加工过程中，这个表面始终靠向平口钳的固定钳口或钳体导轨面，以保证其他各个加工表面与这个基准面的平行度和垂直度的要求，否则就不能铣削出合格的矩形工件。

如图 3-28 所示的矩形工件，它由 6 个平面组成，各平面之间有一定的位置精度和尺寸要求，从图中可看出，要求顶面 D 与底面 A 平行，且有尺寸精度要求；侧面 B、C、E、F 与底面 A 垂直。显然，底面 A 是各连接表面的基准面，应首先加工，并用它作为其他各面加工的基准面。

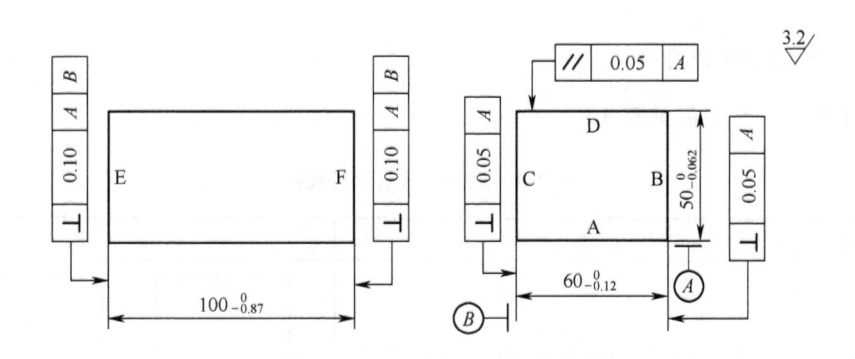

图 3-28 矩形工件

2. 加工顺序和方法

基准面确定后，就开始铣削了。矩形工件的铣削加工顺如图 3-29 所示。选择面 B 为粗基准，铣削基准面 A→铣面 B→铣面 C→铣面 D→铣面 E→铣面 F。

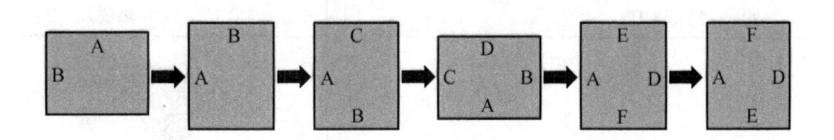

图 3-29 矩形工件的铣削加工顺序

五、活动实施

1. 矩形件铣削图样

矩形件铣削图样如图 3-30 所示。

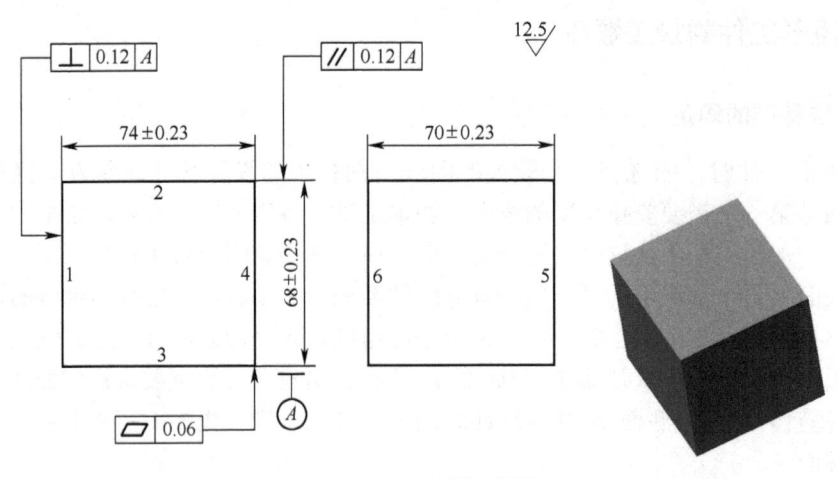

图 3-30 矩形件铣削图样

2. 矩形件铣削工艺准备

矩形件铣削工艺准备见表 3-9。

表 3-9 矩形件铣削工艺准备

内　容	准备说明	图　示
毛坯	工件毛坯为 180mm×75mm×73mm，材料为灰铸铁 HT200	
铣刀的选择	根据要求选用 80mm×80mm×32mm 的高速钢粗齿圆柱铣刀；如采用端铣刀进行铣削，端铣刀直径可按公式 $d_0=(1.2\sim1.6)B$ 来计算选择。式中，d_0 为端铣刀直径；B 为铣削层宽度（根据情况可选择 ϕ80mm 的端铣刀）	圆柱铣刀 端铣刀
设备的选用	准备好卧式铣床（或立铣）	
铣削用量的选择	粗铣时，a_p=4～4.5mm；精铣时，a_p=0.5～1mm。粗铣时，f_z=0.1mm；精铣时，f_z=0.05mm。粗铣时，v_c=16m/min；精铣时，v_c=20m/min	

3. 矩形件的铣削加工

矩形件的铣削加工操作见表 3-10。

表 3-10 矩形件的铣削加工操作

步 骤	操 作 说 明	图 解
安装平口钳	工件采用平口钳装夹,并使平口钳固定钳口与铣床主轴轴心线垂直	
装夹工件	在平口钳导轨面上放上合适的垫铁,并在钳口间垫上铜皮,以面 2 为粗基准靠向固定钳口,夹紧工件	
铣削面 1	开动铣床,操纵各手柄,使铣刀与工件上表面刚好接触,记下刻度盘刻度;将铣刀退出工件,上升工作台,采用纵向进给铣削基准面 1。铣削时要保证其平面度要求,可采用粗、精铣来提高表面质量	
铣削面 2	以面 1 为精基准,靠向固定钳口,并在活动钳口处放置一圆棒,夹紧工件,按上面的方法开始铣削	
检测垂直度	卸下工件,用角度尺检查面 1 和面 2 的垂直度。若不符合要求,可在固定钳口处垫纸片(或铜片)后重新装夹,垂向少量上升后再进行铣削,直到符合要求。若面 1 和面 2 的夹角大于 90°,应在固定钳口下方垫纸片;若面 1 和面 2 的夹角小于 90°,应在固定钳口上方垫纸片,如图 3-31 所示	
铣削面 3	以面 1 为精基准,靠向固定钳口,面 3 向上装夹,在活动钳口处放置一圆棒,并在钳口导轨上垫上平行垫铁,使面 2 紧靠平行垫铁,夹紧工件。夹紧后用铜棒敲击,使之与平行垫铁贴紧。开动铣床,上升工作台,铣削面 3	

续表

步　骤	操作说明	图　解
检测平行度	取下工件，用千分尺（或游标卡尺）检测面 2 和面 3 的对边尺寸及平行度要求是否合格（检测时应检测多个部位）	
铣削面 4	将面 2 与固定钳口贴紧，基准面 1 与平行垫铁贴合，面 4 向上，夹紧工件进行粗削，然后取下工件，用千分尺（或游标卡尺）检测面 1 和面 4 的平行度要求是否合格。根据情况进行调整，然后对 4 进行精铣，使面 1 和面 4 对边尺寸符合要求	
调整钳体	将基准面 1 与固定钳口贴合，面 5 向上，轻夹工件，然后用角度尺找正面 2 与钳体的垂直度，符合要求后，夹紧工件	
铣削面 5	开动铣床，重新调整工作台高度，采用纵向进给铣削面 5。铣削完成后，取下工件，以面 5 为基准，检测面 1、面 2 对面 5 的垂直度是否符合要求，若误差较大，则应重新装夹、找正，铣削至要求	
铣削面 6	将基准面 1 与固定钳口贴合，面 5 与平行垫铁贴合，面 6 向上夹紧工件，粗铣面 6。然后用千分尺检测面 6 与面 5 的对边尺寸和平行度要求。合格后精铣面 6	

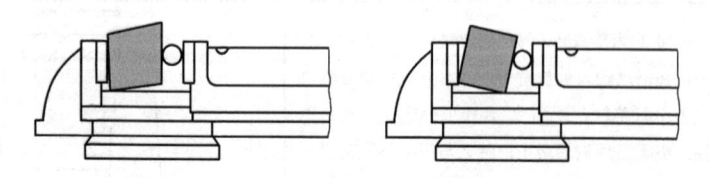

图 3-31　固定钳口垫纸片

六、平行面、垂直面铣削时的质量分析与注意事项

1．工件尺寸不符合要求

（1）产生原因
1）看错图样尺寸。
2）测量误差。
3）进给手柄摇过头后直接退回刻度。
4）工件和垫铁没擦净，铣小尺寸。
5）精铣时对刀切痕太深。

（2）解决措施
1）仔细读图，看清要求。
2）认真测量，认真读数。
3）进给手柄摇过头后应及时消除丝杠螺母间隙，再次进给至所需刻度。
4）擦净工件与垫铁表面，用铜锤轻击工件上表面，并用手试移垫铁，当其不松动时，说明工件与垫铁贴合良好，再夹紧工件。
5）认真操作垂直上升手柄，注意对刀。

2．平行度和垂直度不符合要求

（1）产生原因
1）固定钳口与工件台台面不垂直。
2）铣削各侧面时，钳口没有校正好。
3）工件和垫铁没擦净，垫上杂物。
4）垫铁不平行。

（2）解决措施
1）校正钳口与工作台台面的垂直度。
2）安装好平口钳，校正好钳口位置。
3）擦净工件与垫铁表面，使工件与垫铁贴合良好。
4）选用合适的平行垫铁。

3．注意事项

1）及时用锉刀修整工件的锐边和毛刺。
2）铣削时可采用粗铣一刀、精铣一刀的方法来提高表面加工质量。
3）用铜锤敲击工件表面时，不能用力过猛，要轻敲，以防砸伤已加工表面。
4）铣钢件时应及时浇注切削液。

活动三　平面的高速铣削

技能活动目标

1．正确选择高速铣削用铣刀。

2. 正确刃磨焊接铣刀头。
3. 了解高速铣削时工件的装夹要求。
4. 了解机夹不重磨端铣刀的使用与调整方法

技能活动内容

高速铣削是采用硬质合金铣刀并用较高的铣削速度（v_c=60～200m/min）进行铣削，以达到较高生产效率的铣削方法。

一、常用硬质合金牌号的选用

高速铣削时应根据工件材料和加工表面的质量要求来确定和选用硬质合金铣刀材料牌号。其基本选用原则见表3-11。

表3-11 高速铣削时硬质合金牌号的选用

工件材料	牌号选用		
	粗铣	半精铣	精铣
铸铁、有色金属及其合金	YG8	YG6	YG3
钢材	YT5	YT14、YT15	YT30

二、普通机夹端铣刀

普通机夹端铣刀一般是先把硬质合金刀片焊接在刀柄上，然后用机械夹固的方法把刀头夹固在刀体上，如图3-32所示。常用固定刀头的方法是螺钉或楔块紧固。普通机夹端铣刀的刀齿数目一般不少于4个，这样可使刀头受力小而均匀，铣削过程平稳。

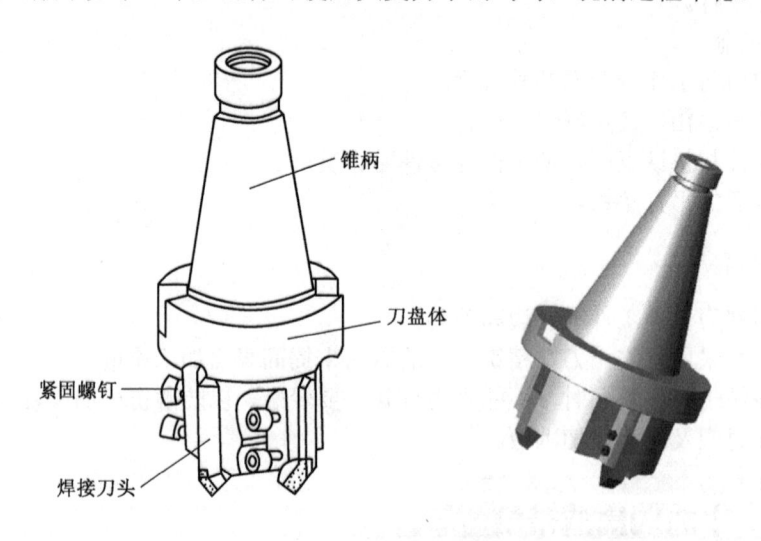

图3-32 普通机夹端铣刀

1. 普通端铣刀刀头的主要几何角度与选用

端铣刀刀头的主要几何角度如图3-33所示，其选用见表3-12。

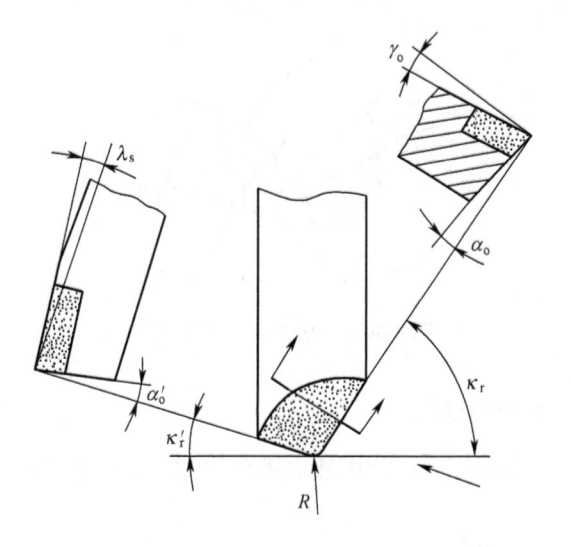

图 3-33 端铣刀刀头的主要几何角度

表 3-12 端铣刀刀头的主要几何角度的选用

工件材料		前角（γ_o）	后角（α_o）	刃倾角（λ_s）	主偏角（k_r）	副偏角（k_r'）	刀尖圆弧半径（R）
钢	中碳钢 $\sigma_b<800\text{N/mm}^2$	0°~5°	8°~12°	0°~5°	60°~75°	6°~10°	0.5~1.5
	高碳钢 $\sigma_b=800\sim1200\text{N/mm}^2$	-10°	6°~8°	5°~10°			1~2
	合金钢 $\sigma_b>1200\text{N/mm}^2$	-15°		10°~5°	45°~65°		
铸铁	HB=150~250	5°	8°~12°	0°~5°			1~1.5

2．普通机夹端铣刀刀头的刃磨

1）刃磨主后刀面。如图 3-34 所示，两手握刀，右手在前，左手在后，刀具前刀面向上，主刀刃与砂轮圆周基本平行，刀柄向下，刀头向上翘，自然倾斜一个主后角和主偏角，左右移动刃磨。

2）刃磨副后刀面。如图 3-35 所示，两手握刀，前刀面向上，副刀刃与砂轮圆周基本平行，刀柄向下，刀头向上翘，自然倾斜一个副后角和副偏角，左右移动刃磨。

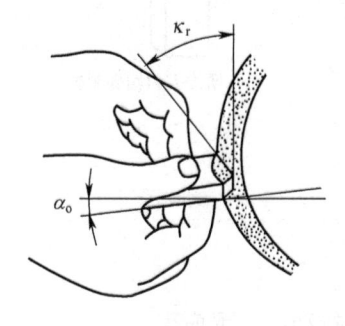

图 3-34 刃磨主后刀面　　　　　图 3-35 刃磨副后刀面

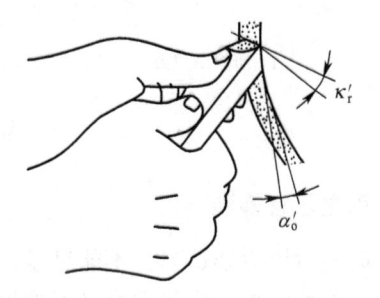

3）刃磨刀尖圆弧半径。如图 3-36 所示，两手握刀，刀具前刀面向上，刀柄基本垂直于砂轮，使刀尖与砂轮接触，刀柄适当左右回转磨出圆弧半径。

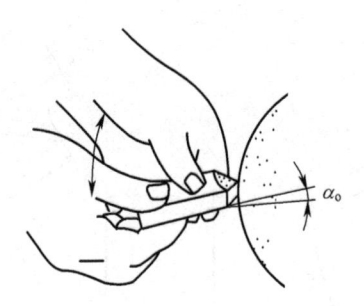

图 3-36　刃磨刀尖圆弧半径

3. 普通机夹端铣刀刀头的检测

如图 3-37 所示，刀头刃磨好后，应用样板进行检测，以保证合理的几何角度。

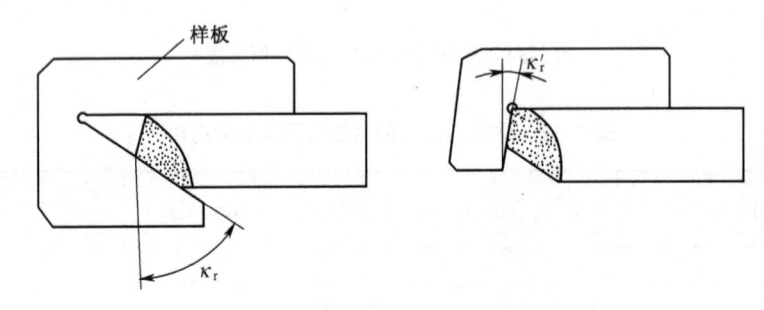

图 3-37　用样板检测角度

4. 普通机夹端铣刀刀头的研磨

如图 3-38 所示，将油石贴合在刀头后刀面上，来回轻轻用力擦动刀刃与后刀面。

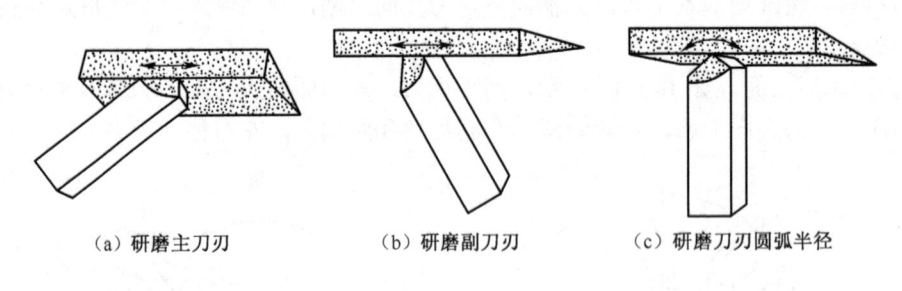

（a）研磨主刀刃　　　　　（b）研磨副刀刃　　　　　（c）研磨刀刃圆弧半径

图 3-38　油石研磨

5. 刃磨注意事项

1）刃磨时用力要适当，不能过猛，以防打滑伤手。
2）双手握刀要用力，刃磨时不能加力太大，以防抖动，出现崩刃。
3）刃磨时应戴防护眼镜。
4）刃磨过程中不能用水冷却，以防刀片因骤冷而发生崩碎。

6. 刀头的安装

为减小刀齿的圆跳动，使刀齿切削均匀，安装刀头时应进行校正。安装刀头常用的校正方法是切痕调刀法，其操作方法如下：

1）先安装第一把刀头。

2）装夹工件，进行对刀，并在工件上铣出一个台阶面。

3）停止铣床，再安装第二把刀头，使刀头的主切削刃与工件上铣出的台阶面切痕对正，如图 3-39 所示。

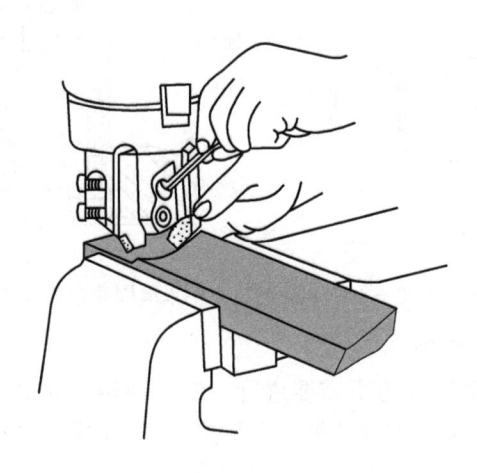

图 3-39　切痕对刀安装铣刀刀头

4）以同样的方法安装其他几把刀头。

5）安装完成后，降落工作台，开动铣床，调整到原来的铣削深度进行铣削，注意观察刀具的铣削情况，然后进行调整。

三、机夹不重磨硬质合金铣刀

1. 机夹不重磨硬质合金端铣刀

这类铣刀是把具有一定精度和合理几何角度的硬质合金铣刀片用螺钉、压板、楔块、刀片座等紧固在刀柄上。它是用于加工平面或台阶面的新型高效刀具，如图 3-40 所示。

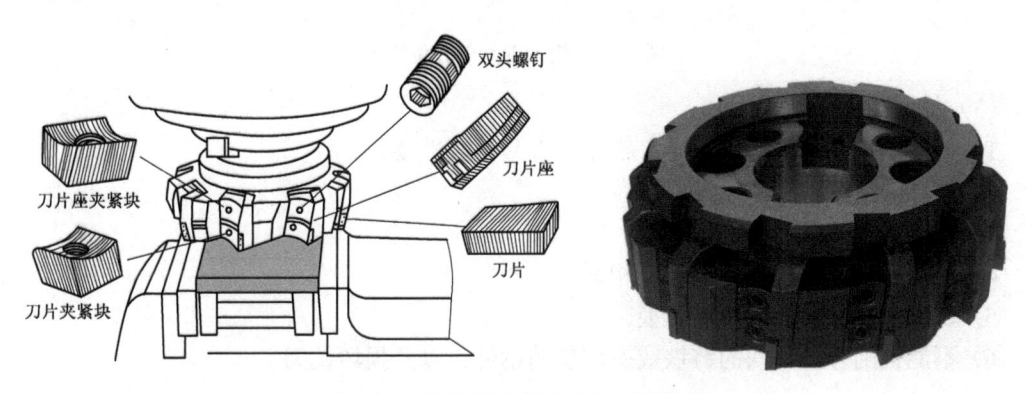

图 3-40　机夹不重磨硬质合金端铣刀

（1）刀具的安装

对于$\phi100\sim\phi160$mm 的机夹不重磨硬质合金端铣刀，其安装方法是先将铣刀杆装入主轴锥孔中，再装入铣刀，最后旋入螺钉，用叉形扳手紧固铣刀。而对于$\phi200\sim\phi500$mm 的机夹不重磨硬质合金端铣刀，安装时先将定位心轴装入铣床主轴锥孔中，用拉紧螺杆拉紧，再将刀盘体装到心轴上，并使刀盘体端部的槽对准主轴端的定位键，用4个内六角螺钉将刀盘体紧固在铣床上，如图3-41所示。

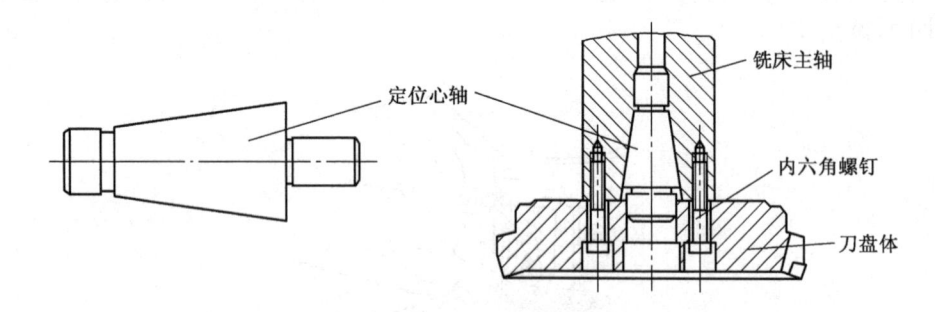

图3-41　$\phi200\sim\phi500$mm 的机夹不重磨硬质合金端铣刀的安装

（2）铣刀刀片的转位更换

机夹不重磨硬质合金端铣刀不需要进行刃磨，使用时如果刀片磨损，只要用内六角扳手松开刀片夹紧块，把用钝的刀片转换一个位置即可，如图3-42所示。

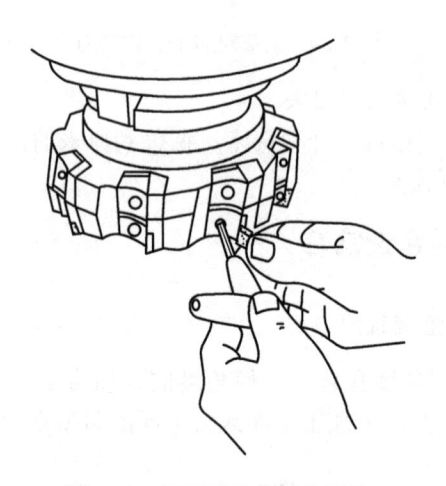

图3-42　铣刀刀片的转位更换

（3）使用要求

1）使用机夹不重磨端铣刀时，铣床、夹具等刚性要好。

2）工件装夹要牢固。

3）铣床功率要大。

4）铣刀刀片牌号要与加工材料相适应。

5）铣刀刀片磨损后应及时更换。

6）不能铣削有白口铁的铸铁或有硬皮的钢件，以免损坏铣刀。

2．机夹不重磨硬质合金立铣刀

机夹不重磨硬质合金立铣刀如图 3-43 所示,它也是一种新型的、高效率的先进铣刀。其特点与机夹不重磨硬质合金端铣刀相同。

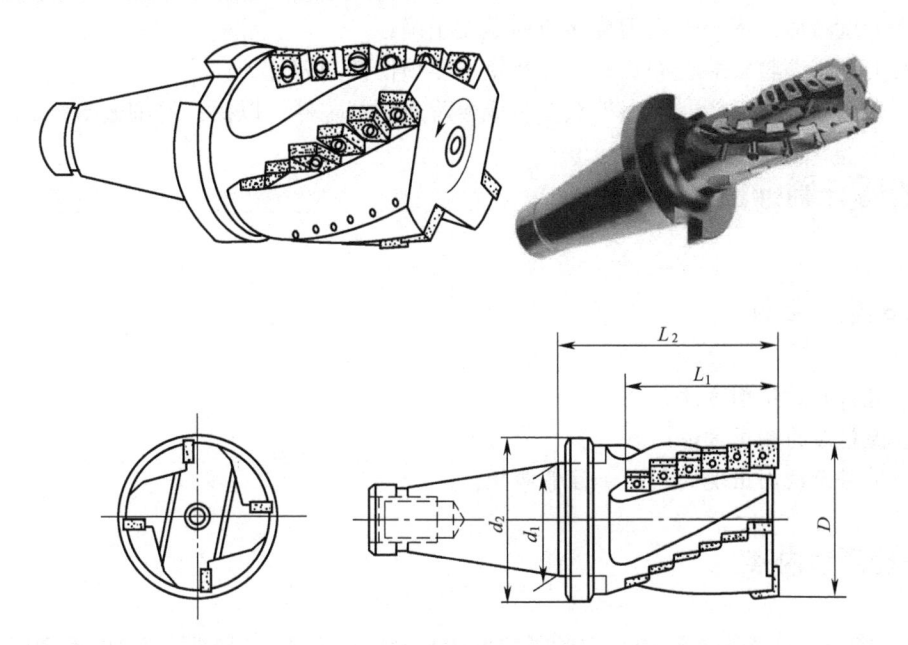

图 3-43　机夹不重磨硬质合金立铣刀

四、铣削用量的选择与工件的装夹要求

1．高速铣削时铣削用量的选择

1）高速铣削钢材时,切削速度 v_c=80～200m/min;高速铣削铸铁时,切削速度 v_c=60～150m/min。

2）高速铣削时应分粗铣和精铣,粗铣时采用较低的转速、较高的每分钟进给量和较大的铣削深度;精铣时采用较高的转速、较低的每分钟进给量和较小的铣削深度。

3）加工材料的强度、硬度较高时,铣削用量取低些;加工材料的强度、硬度较低时,铣削用量可取高些。

2．高速铣削对工件的装夹要求

1）高速铣削由于铣削力较大,铣刀和工件间的冲击力大,要求工件装夹牢固、定位可靠,夹紧力的大小应足以承受铣削力。

2）当采用平口钳装夹工件时,工件加工表面伸出钳口的高度应尽量减少,铣削力应朝向平口钳的固定钳口。

3）使用夹具装夹工件时,铣削力应朝向夹具的固定支承部位,以增加铣削刚性,减少振动。

五、注意事项

1) 铣削前应检查端铣刀刀盘、铣刀头、工件装夹是否牢固，安装位置是否正确。
2) 启动铣床时应注意端铣刀盘和刀头是否与工件、平口钳等相撞。
3) 铣刀旋转后，应检查铣刀旋转方向是否正确。
4) 对刀试铣调整安装铣刀头时，应注意不要损伤铣刀刀片刃口。
5) 如采用 4 把铣刀头，可将刀头安装成台阶形切削工件，以提高铣削效率。

活动四 斜面的铣削

技能活动目标

1. 掌握斜面的铣削方法。
2. 掌握斜面的测量方法。
3. 分析斜面铣削出现的问题和注意事项。

技能活动内容

斜面是指与工件基准面形成一定倾斜角度的平面。斜面相对基准面倾斜的程度用倾斜度来衡量，在图样上，倾斜度有两种表示方法：对于倾斜度较大的倾斜面，一般用度数表示，如图 3-44（a）所示；对于倾斜度较小的斜面，往往采用比值表示，如图 3-44（b）所示。

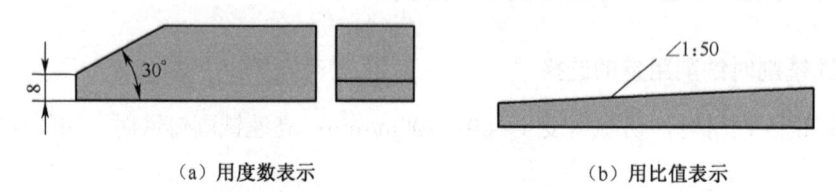

（a）用度数表示　　　　（b）用比值表示

图 3-44　斜面倾斜度的表示方法

一、斜面铣削时的两个基本条件

斜面铣削时必须满足的两个基本条件如下：
1) 工件的斜面应平行于铣削时铣床工作台的进给方向。
2) 工件的斜面应与铣刀的铣削位置相吻合。

用圆周刃铣刀铣削时，斜面与铣刀外圆柱面相切；用端面刃铣刀铣削时，斜面与铣刀的端面相重合。

二、斜面的铣削方法

1. 工件倾斜铣削斜面

（1）按划线装夹工件铣削斜面

划线装夹工件铣削斜面适用于单件生产，其操作方法如下：
1）按图样要求，先在工件上划出斜面加工线。
2）用平口钳装夹工件，用划针盘找正划线与工作台平行。
3）用圆柱铣刀或端铣刀铣削出斜面，如图3-45所示。
（2）用倾斜垫铁装夹工件铣削斜面
这种方法适用于工件数量较多的铣削，其特点是装夹、找正方便。其操作方法如下：
1）将符合要求的倾斜垫铁放入平口钳内。
2）将工件装夹在平口钳内，找正夹紧。
3）用铣刀铣削出斜面，如图3-46所示。

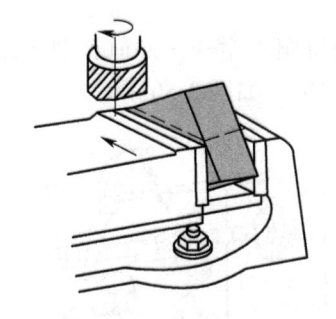

图3-45 按划线装夹工件铣削斜面 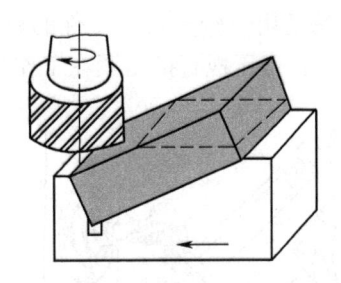　　　　图3-46 用倾斜垫铁装夹工件铣削斜面

（3）用靠铁装夹工件铣削斜面
这种方法适用于外形尺寸较大的工件的铣削，其操作方法如下：
1）先在铣床工作台台面上按要求安装一块倾斜的靠铁。
2）再将工件的一个侧面靠向靠铁的基准面，用压板夹紧工件。
3）用端铣刀铣削出符合要求的斜面，如图3-47所示。

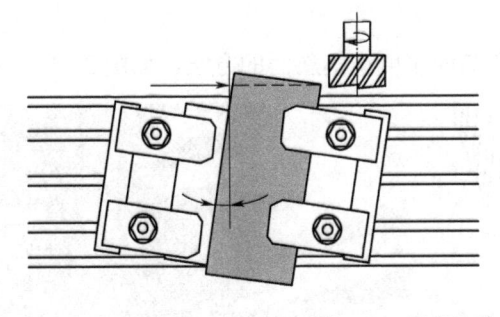

图3-47 用靠铁装夹工件铣削斜面

（4）调转平口钳体角度装夹工件铣削斜面
操作方法如下：
1）安装平口钳后，先校正固定钳口与铣床主轴轴线垂直或平行。
2）通过平口钳底座上的刻线，将钳身调转至所需的角度。
3）在平口钳中装夹工件，铣削出斜面，如图3-48所示。
（5）用可倾虎钳装夹铣削斜面
这种方法只适用于尺寸较小工件的铣削，如图3-49所示。可倾虎钳除了能绕垂直轴旋转外，还能绕水平轴转动至所需角度，但其刚性差，且所选用的铣削用量也小。

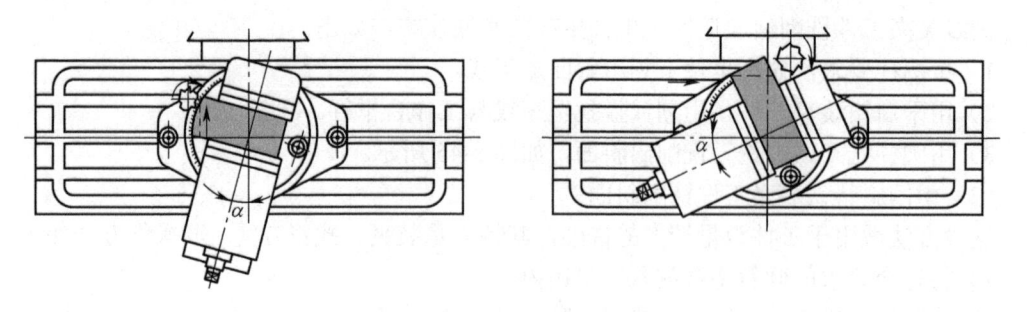

图 3-48 转动钳体铣削斜面

（6）用可倾工作台装夹工件铣削斜面

这种方法适用于较大尺寸工件的铣削，其原理与可倾虎钳一样，但其刚性好，并有 T 形槽，可将工件用压板直接压紧在工作台台面上进行铣削，如图 3-50 所示。

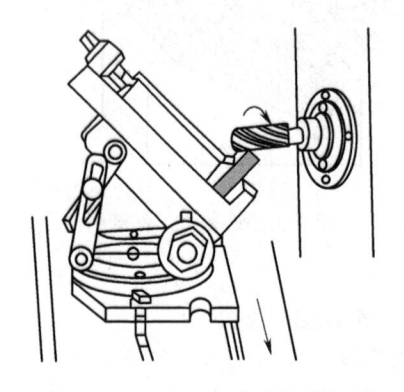

图 3-49 可倾虎钳装夹铣削斜面 　　　　图 3-50 用可倾工作台装夹工件铣削斜面

2. 铣刀倾斜铣削斜面

铣刀倾斜实际上就是铣床主轴转过一个所需的角度铣削斜面的方法，如图 3-51 所示。

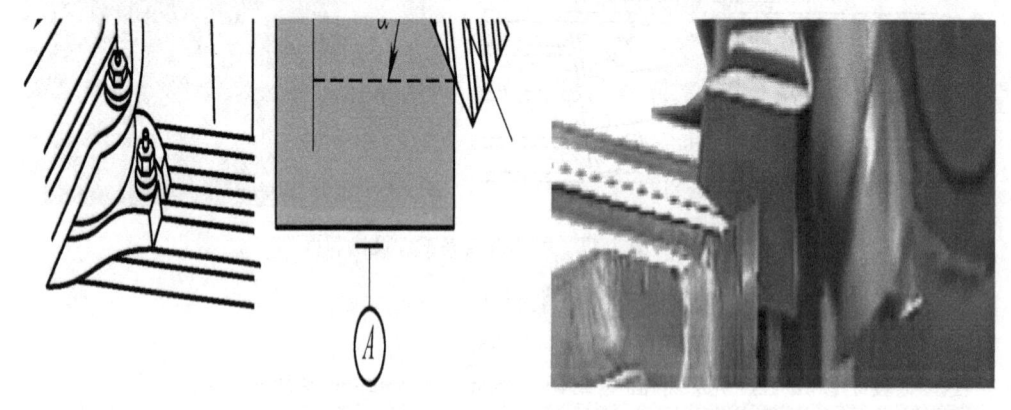

图 3-51 转动立铣头铣削斜面

根据所用刀具和工件装夹情况，立铣头的倾斜角度见表 3-13。

表 3-13 铣削斜面时立铣头的倾斜角度

工件角度标注形式	端面刃铣削	圆周刃铣削
θ—立铣头主轴倾角 α—工件标注的角度		
（图示 α）	$\theta=\alpha$	$\theta=90°-\alpha$
（图示 α）	$\theta=\alpha$	$\theta=90°-\alpha$
（图示 α）	$\theta=90°-\alpha$	$\theta=\alpha$
（图示 α）	$\theta=90°-\alpha$	$\theta=\alpha$
（图示 α）	$\theta=180°-\alpha$	$\theta=\alpha-90°$
（图示 α）	$\theta=\alpha-90°$	$\theta=180°-\alpha$

3. 角度铣刀铣削斜面

对于较窄或较小的斜面，一般用角度铣刀直接铣削出，铣削时应选用合适的角度铣刀来铣削相应的斜面，如图 3-52 所示。

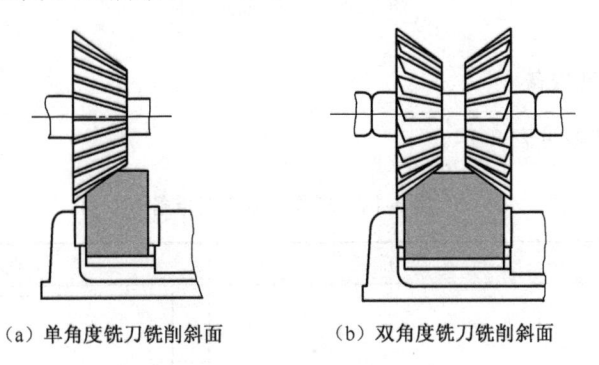

（a）单角度铣刀铣削斜面　　（b）双角度铣刀铣削斜面

图 3-52　角度铣刀铣削斜面

由于角度铣刀的刀尖部分强度较弱，刀齿较密，不易排屑，因而应选用较小的铣削用量。另外，在铣削钢件时应加注足够的冷却液。

三、斜面的检测

斜面铣削完成后，除去尺寸和表面粗糙度外，主要检测斜面的角度。对于精度要求很高，角度又较小的斜面，可用正弦规检测，如图 3-53 所示。对于一般要求的斜面，可用万能角度尺检测，如图 3-54 所示。

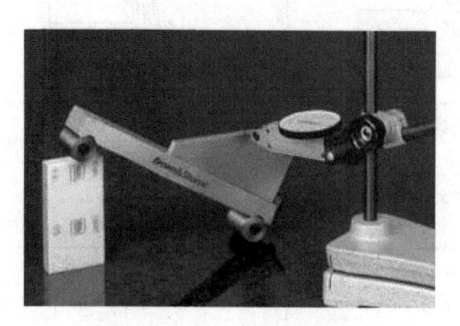

图 3-53 用正弦规检测斜面

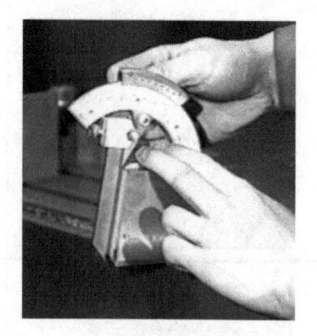

图 3-54 用万能角度尺检测斜面

四、活动实施

1. 斜面铣削图样

斜面铣削图样如图 3-30 所示。

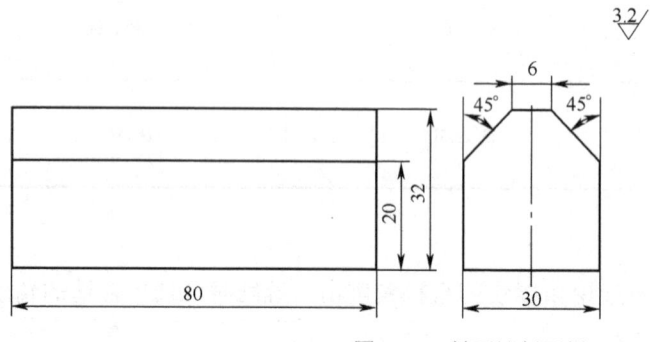

图 3-55 斜面铣削图样

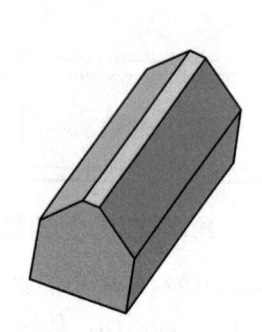

2. 斜面铣削工艺准备

斜面铣削工艺准备见表 3-14。

表 3-14 斜面铣削工艺准备

内容	准备说明	图示
毛坯	工件毛坯为 80mm×30mm×32mm，材料为 45# 钢	

续表

内　容	准 备 说 明	图　示
铣刀的选择	工件斜面宽度较小，且倾斜角为 45°，因而应选用 45°单角铣刀，且刀刃宽度要比工件斜面宽度大。现采用直径为 75mm、齿数为 24 的 45°单角铣刀	
设备的选用	准备好卧式铣床	
铣削用量的选择	工件的余量较大，因而应分两次铣削，第一次铣去 9mm，第二次铣去 3mm。每齿进给量为 0.03mm，铣削速度控制在 20m/min（根据计算得主轴转速为 85rpm，实际生产操作中应取 75rpm）	

3．斜面的铣削加工

工件的铣削加工操作见表 3-15。

表 3-15　工件的铣削加工操作

步　骤	操 作 说 明	图　解
装夹工件	工件采用平口钳装夹，并使工件高出钳口 14mm 以上（但不可高得太多）	
对刀	升高铣床工作台，使工件外侧处于铣刀刀尖的下方，再上升工作台直至铣刀开始微量切到工件，记住刻度值，然后退出工件	

续表

步骤	操作说明	图解
粗铣左侧斜面	将工作台上升9mm，进行粗铣	
精铣左侧斜面	用游标卡尺检测所留余量是否为3mm，再调整铣削层深度，精铣斜面	
工件调面	松开工件，将工件旋转180°	
粗、精铣斜面	对刀，按前述方法粗、精铣斜面	

五、斜面铣削的质量分析与注意事项

1. 斜面角度不正确

（1）产生原因
1）立铣头转动角度不正确。
2）工件装夹时未擦净钳口、钳导体和工件平面，使工件装夹不正确。
（2）解决措施
1）按刻度正确转动立铣头角度，在对刀粗铣时进行测量并调整。
2）要擦净钳口、钳导体和工件装夹平面，保证其装夹面间无杂物，并找正夹紧。

2. 斜面尺寸不正确

（1）产生原因
1）未看清图样尺寸要求或进刀时看错刻度。
2）测量尺寸时未正确测量，使测量值出错。

3）工件未夹紧，铣削中产生位移。
（2）解决措施
1）认真看清图样尺寸，操作时应仔细严谨。
2）认真测量，注意正确的操作方法。
3）夹紧工件，保证正常的铣削加工。

3．表面粗糙度不符合要求

（1）产生原因
1）进给过快。
2）铣刀变钝。
3）机床、夹具工艺刚性差，铣削时产生振动。
4）铣削钢件时未加注切削液。
（2）解决措施
1）根据铣削情况，选用合理的铣削用量。
2）选用未磨损的铣刀。
3）选用刚性好的铣床与装夹方法。
4）根据加工情况，充分浇注切削液。

4．注意事项

1）铣削时应注意铣刀的旋转方向是否正确。
2）使用粗齿铣刀端铣时，铣削前应检查铣刀刀齿与工件之间的距离，以免相碰而损坏铣刀。
3）用端铣刀或立铣刀端面刃铣削时，应注意顺铣和逆铣，注意进给走刀方向。
4）铣削时，不使用的进给手柄应紧固。
5）应做到及时检测，并根据情况及时调整。

项目四 台阶、直角沟槽的铣削与切断

活动一 台阶的铣削

技能活动目标

1. 了解台阶的种类和特点。
2. 掌握台阶工件铣削时刀具的选用和操作步骤。
3. 能对台阶进行检测和质量分析。

技能活动内容

一、台阶铣削的技术要求

台阶由平面和垂直面组合而成，其形式如图 4-1 所示。

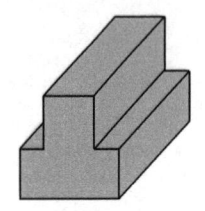

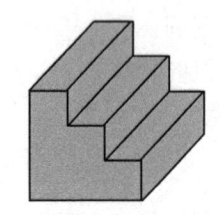

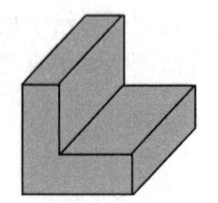

图 4-1 台阶的形式

台阶的技术要求包括尺寸精度、形状位置精度和表面粗糙度三个方面。

1. 尺寸精度

台阶上与其他零件相配合的尺寸，其尺寸精度一般要求都较高，如图 4-2 中的凸台尺寸 $16_{-0.12}^{0}$。

2. 形状位置精度

台阶各平面的平面度、台阶侧面与基准面的平行度，以及双台阶对中分线的对称度等，都应有较高的要求，如图 4-2 中的 $\boxed{= | 0.10 | A}$，是凸台相对于中分线的对称度，其公差要求应在 0.10mm 以内；$\boxed{// | 0.10 | B}$ 是台阶凸台左侧面相对于右侧的平行度，其误差应控制在 0.10mm 以内。

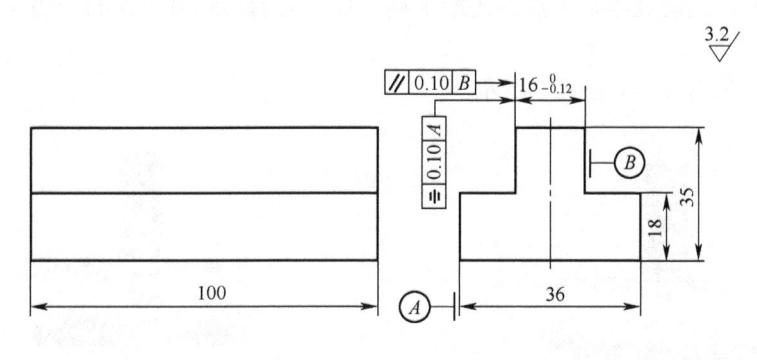

图 4-2 台阶的技术要求

3. 表面粗糙度

台阶各平面也应要求有较高的表面质量，特别是台阶上需要与其他零件表面配合的面，其要求更高。例如图 4-2 中的 $\sqrt{3.2}$，表示台阶工件的各表面粗糙度 R_a 值应不大于 3.2μm。

二、台阶的铣削方法

1. 用一把三面刃铣刀铣削台阶

（1）铣刀的选择

用一把三面刃铣刀铣削台阶如图 4-3 所示，在选择时主要考虑铣刀的宽度和直径。所选三面刃铣刀的宽度应大于所铣削台阶面的宽度，以便能在一次铣削中铣出台阶宽度。同时，为保证铣削时台阶上平面能够通过铣刀，铣刀的直径应按下式计算：

$$D > d + 2t$$

式中　D——铣刀直径，mm；
　　　d——铣刀杆直径，mm；
　　　t——台阶深度，mm。

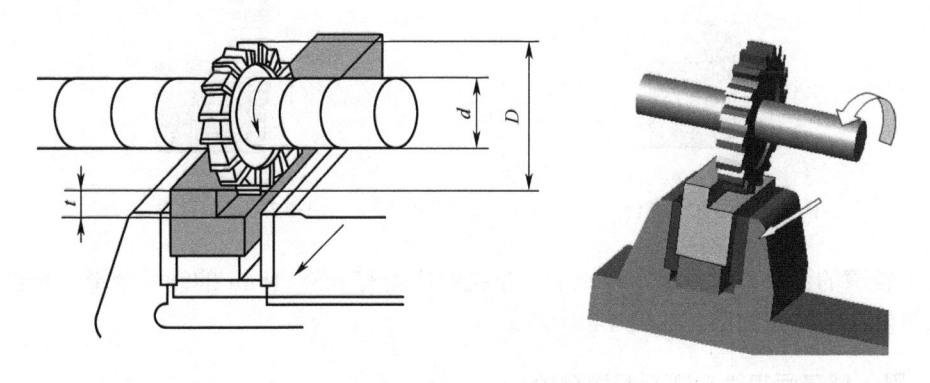

图 4-3 用一把三面刃铣刀铣削台阶

（2）铣削的方法

用一把三面刃铣刀铣削台阶的操作方法如下：

1）工件用平口钳装夹并找正夹紧（对于尺寸较大的工件可用压板装夹，形状较复杂的工件可用夹具装夹）。

2）侧面对刀。启动铣床，上摇各进给手柄，使铣刀刀刃划着工件的一侧，如图 4-4 所示。

3）垂直降落工作台，如图 4-5 所示。

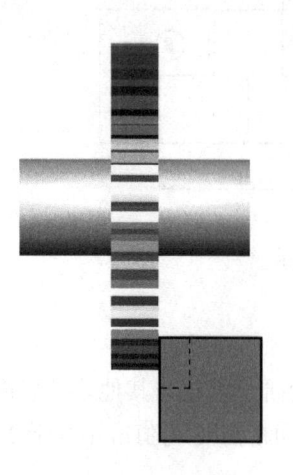

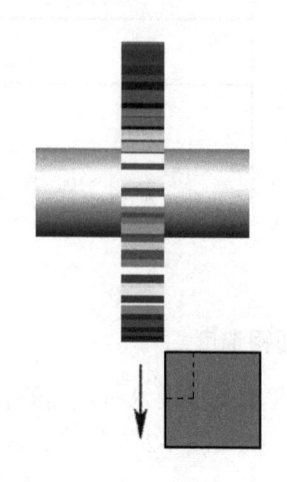

图 4-4　侧面对刀　　　　　　　　图 4-5　垂直降落工作台

4）将工作台横向移动一个台阶宽度 B 后锁紧横向进给手柄，再上升工作台，使铣刀的圆柱面刃擦着工件的上表面，如图 4-6 所示。

5）摇动工作台纵向进给手柄，退出工件，再上升工作台一个台阶深度 t，摇动纵向进给手柄，使工件靠近铣刀，开始铣削，如图 4-7 所示。

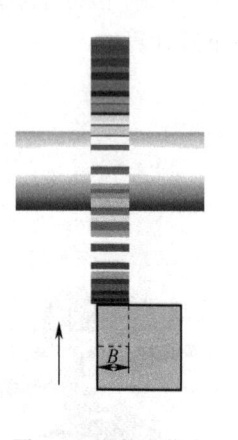

图 4-6　调整工作台　　　　　　　　图 4-7　铣削台阶

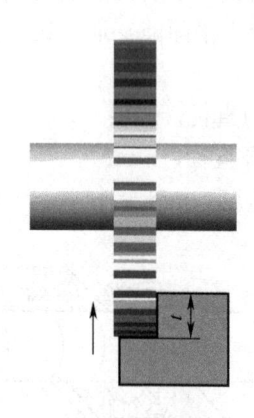

对于较深的台阶，应分粗、精铣削，粗铣时应留有 0.5～1mm 的铣削余量，精铣时将台阶底面与侧面同时铣削出，如图 4-8 所示。

2. 用一把三面刃铣刀铣削双面台阶

用一把三面刃铣刀铣削双面台阶的操作与前述基本相同，只是在铣削完一侧台阶后，退出工件，然后将工作台横向移动一个距离 A（$A=L+C$），再紧固横向进给手柄，铣削另一侧台阶，如图 4-9 所示。

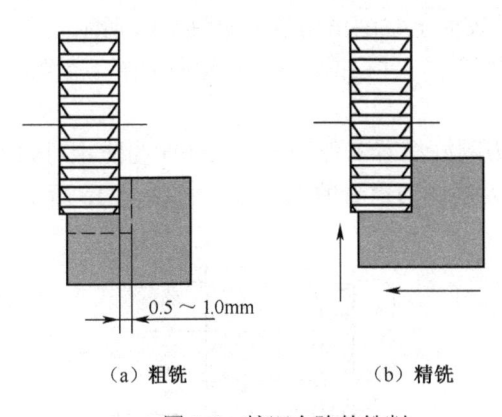

（a）粗铣　　　　（b）精铣

图 4-8　较深台阶的铣削　　　　图 4-9　用一把三面刃铣刀铣削双面台阶

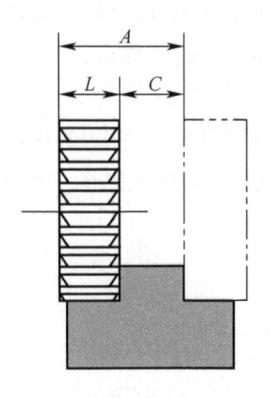

3. 用两把组合三面刃铣刀铣削台阶

用两把组合三面刃铣刀铣削台阶如图 4-10 所示，它适用于成批台阶工件的铣削加工。铣削时，要选择两把直径相同的三面刃铣刀，用薄垫圈适当调整两把三面刃铣刀的内端刃间距，用卡尺测量，如图 4-11 所示，使其等于台阶凸台的宽度。铣削开始前应进行试铣，以保证凸台宽度符合图样要求。

图 4-10　用两把组合三面刃铣刀铣削台阶 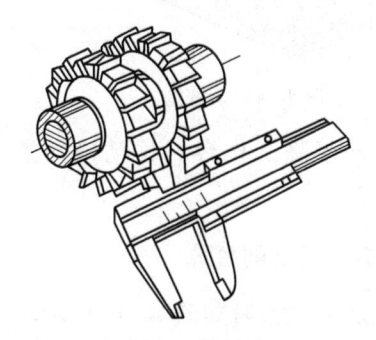　　　　图 4-11　用卡尺测量铣刀间距

用两把组合三面刃铣刀铣削台阶的对刀方法有划线对刀和侧面对刀两种。

（1）划线对刀

1）先用高度尺在工件上表面划出台阶尺寸线，如图 4-12 所示。

2）装夹并找正工件，开动铣床，摇动铣床各进给手柄，使两把铣刀的内侧齿刃落在两条划线上，如图 4-13 所示。

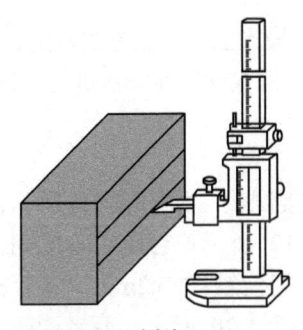

图 4-12　划线 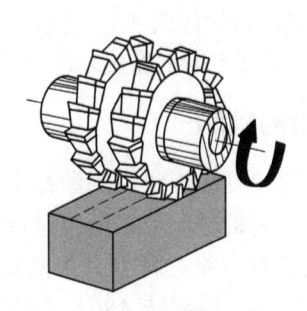　　　　图 4-13　对刀

3）垂向上升工作台，试铣削，使铣刀在工件表面上铣削出切痕，如图 4-14 所示。

4）垂向降落工作台，观察切痕是否处于两条划线上，并根据情况调整横向工作台位置。

（2）侧面对刀

1）开动铣床，摇动各进给手柄，使铣刀侧刃刚好擦着工件侧面（操作时为防止对刀不准，可在工件侧面上贴上一张浸过油的薄纸，铣刀的侧刃擦着薄纸即可），如图 4-15 所示。

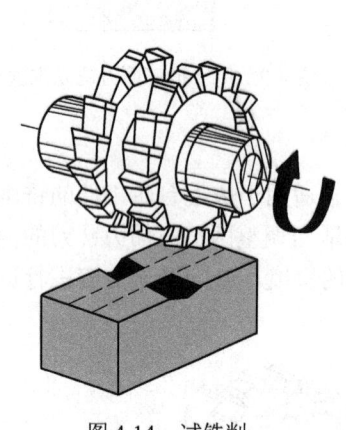

图 4-14　试铣削

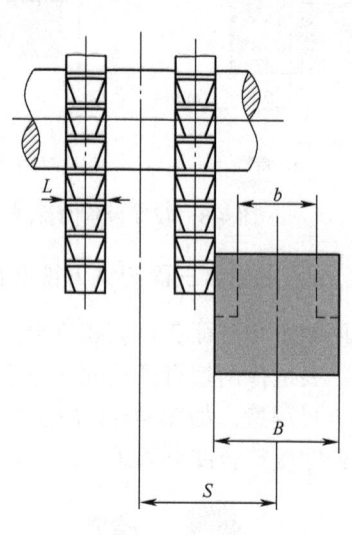

图 4-15　侧面对刀

2）垂向下降工作台，移动横向工作台，使工件靠近铣刀。工作台横向移动距离 $S=L+b/2+B/2$。

4. 用立铣刀铣削台阶

用立铣刀铣削台阶如图 4-16 所示，它适用于较深的台阶或多级台阶工件的铣削。铣削时，立铣刀的圆周刃起主要切削作用，端面刃起修光作用。

由于立铣刀刚性小，强度较弱，铣削时选用的铣削用量应比使用三面刃铣刀铣削时要小，否则容易产生"扎刀"现象，甚至折断铣刀。因此，在条件许可情形下，应选用直径较大的立铣刀，以提高铣削效率。加工较大的台阶，应先铣削够其加工面的宽度，然后再分次铣削至深度尺寸。精度要求较高的台阶应分粗、精铣。

5. 用端铣刀铣削台阶

用端铣刀铣削台阶如图 4-17 所示，它适用于较浅、较宽的台阶工件的铣削。铣削时所选择的端铣刀直径应大于台阶的宽度，即 $D=（1.4\sim1.6）B$，以保证能在一次进给中铣削出台阶。

三、台阶的检测

一般台阶的宽度和深度可用游标卡尺或千分尺直接测量，如图 4-18 所示；当台阶较浅且不便用千分尺测量时，可用极限量规测量，如图 4-19 所示。台阶对称度则使用杠杆百分表来检测，测量时，将杠杆百分表测头与台阶一侧面相接触约 0.2mm，然后转动表盘使指针对准零位，再将工件翻转 180°，测量另一侧面，如图 4-20 所示。两者读数之差就是台阶对称度误差。

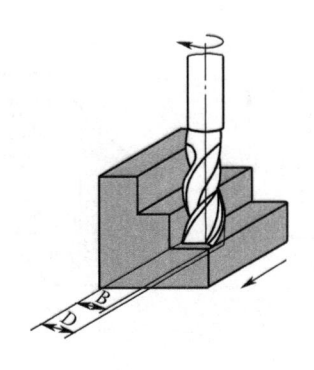

项目四　台阶、直角沟槽的铣削与切断

图 4-16　用立铣刀铣削台阶

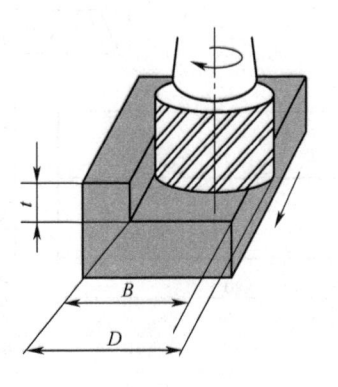

图 4-17　用端铣刀铣削台阶

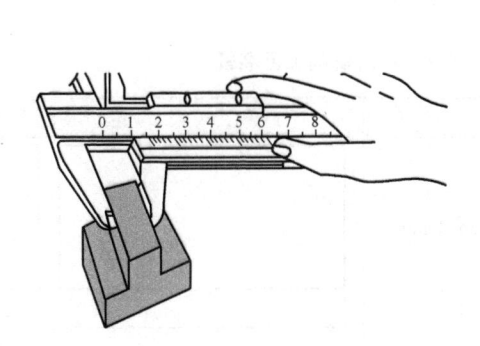

图 4-18　用游标卡尺和千分尺测量台阶尺寸

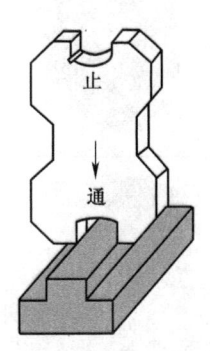

图 4-19　用极限量规测量台阶凸台的宽度

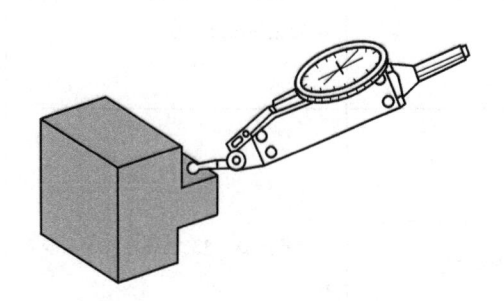

图 4-20　用杠杆百分表测量对称度

四、活动实施

1. 台阶铣削图样

台阶铣削图样如图 4-21 所示。

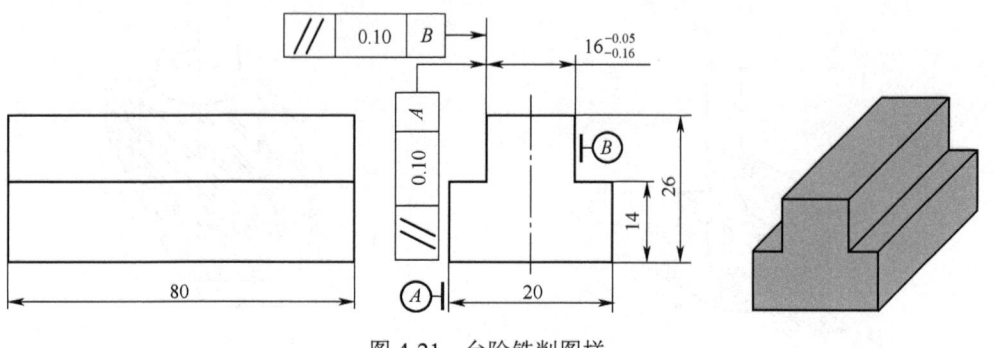

图 4-21 台阶铣削图样

2. 台阶铣削工艺准备

台阶铣削工艺准备见表 4-1。

表 4-1 台阶铣削工艺准备

内 容	准备说明	图 示
毛坯	工件毛坯为 80mm×20mm×26mm，材料为 45#钢	
铣刀的选择	根据要求选用宽度为 12mm、孔径为 27mm、外径为 80mm、铣刀齿数为 12 的三面刃铣刀	
设备的选用	准备好 X6132 型卧式铣床（或立铣）	
铣削用量的选择	选择进给量 f=47.5mm/min；主轴转速 n=95rpm；分粗、精铣两次铣削，留精铣余量 0.5mm	

3. 台阶的铣削加工

工件的铣削加工操作见表 4-2。

表 4-2 工件的铣削加工操作

步　骤	操 作 说 明	图　解
装夹工件	工件采用平口钳装夹，下面垫上平行垫铁，使工件高出钳口约 14mm，找正并夹紧	
深度对刀	在工件表面贴一张薄纸，开动机床，调整各方向手柄，使铣刀外圆切削刃与薄纸接触，在垂直刻度盘上做记号，退出工件，然后上升工作台，将铣削深度调至 11.5mm，留精铣余量 0.5mm	
侧面对刀	在工件侧面贴一张薄纸，开动机床，慢慢横向移动工作台，使铣刀与薄纸接触，在横向刻度盘上做记号	
粗、精铣左侧	纵向移动工作台，将工件退出，根据铣削宽度，将横向工作台移动 1.5 mm，紧固横向工作台手柄，进行粗铣，留精铣余量 0.5mm 粗铣完成后，测量台阶尺寸，并根据情况调整工作台手柄，进行精铣	
粗、精铣右侧	纵向移动工作台，退出工件，将工作台横向移动 28.5mm，进行粗铣，粗铣完成后进行精铣	

注：铣削另一侧面时，工作台横向移动的距离 $H=A+L$，如图 4-22 所示。

五、台阶铣削时的质量分析与注意事项

1. 工件尺寸不正确

（1）产生原因
1）手动移动工件，调整尺寸不准。
2）测量不正确。

3)工作台零位不准,用三面刃铣刀铣削时台阶出现上窄下宽现象,如图 4-23 所示。

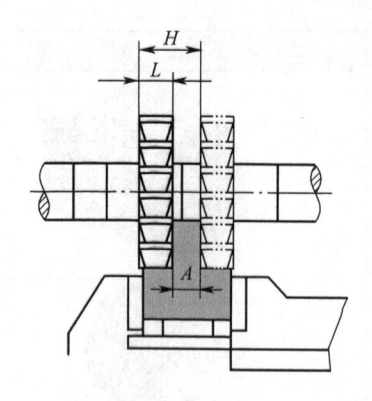

图 4-22 铣削另一侧面时工作台横向移动的距离

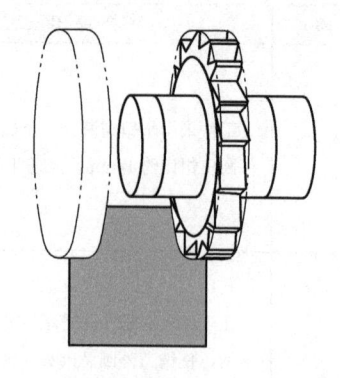

图 4-23 工作台零位不准对尺寸的影响

(2)解决措施

1)认真操作,在刻度盘上做记号。

2)正确测量,多次测量。

3)找正工作台零位,并注意时刻观察铣削情况,及时调整。

2. 台阶形状、位置精度不符合要求

(1)产生原因

1)采用平口钳装夹工件时,固定钳口没校正好,使台阶侧面与工件基准面不平行,如图 4-24 所示。

2)垫铁不平行或没擦净工件、钳体导轨等,使工件台阶的底面与工件底面不平行,如图 4-25 所示。

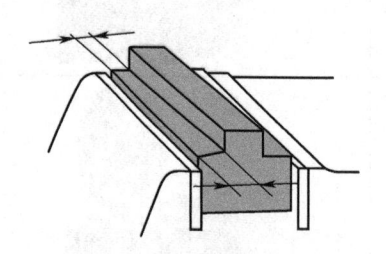

图 4-24 台阶侧面与工件基准面不平行

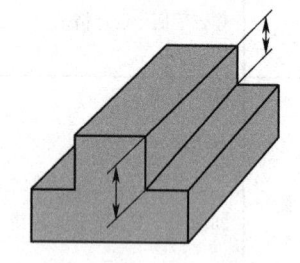

图 4-25 工件台阶的底面与工件底面不平行

(2)解决措施

1)校正好钳口,并夹紧工件。

2)选择合适的垫铁,并擦净钳口、钳体导轨和工件各装夹表面,装夹后找正夹紧。

3. 表面粗糙度不符合要求

(1)产生原因

1)铣刀磨损变钝。

2)铣刀摆动大。

3）铣削用量选择不当，尤其是进给量过大。
4）铣削钢件时未加注切削液。
5）铣削时未使用的进给机构没有紧固，振动过大，工件产生蹿动。

（2）解决措施
1）选用好的铣刀，磨损后及时更换。
2）铣刀安装后应检测铣刀径向和端面圆跳动。
3）选用合理的铣削用量。
4）钢件铣削时充分浇注切削液。
5）紧固不使用的进给机构，夹紧工件，并注意铣削情况。

4．注意事项

1）铣削时，铣刀应装夹牢固，以免铣削时产生松动。
2）铣削时，应使铣削力压向平口钳固定钳口，人应避开切屑飞出方向。
3）铣削时应采用逆铣，注意进给方向。
4）对刀和调整铣削深度应在开车时进行。

活动二　直角沟槽的铣削

技能活动目标

1. 掌握直角沟槽的铣削与测量方法。
2. 正确选用铣直角槽用的铣刀。
3. 掌握键槽铣刀的刃磨方法。
4. 能对直角槽铣削进行检测和质量分析。

技能活动内容

直角沟槽的形式如图 4-26 所示。它主要用三面刃铣刀铣削，也可用立铣刀、盘形槽铣刀、合成铣刀来铣削。半通槽和封闭槽都采用立铣刀或键槽铣刀来铣削。

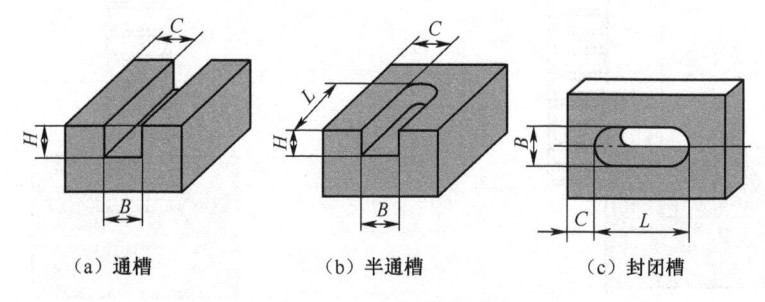

（a）通槽　　　（b）半通槽　　　（c）封闭槽

图 4-26　直角沟槽的形式

一、直角沟槽的铣削方法

1. 用三面刃铣刀铣削直角通槽

（1）铣刀的选用

用三面刃铣刀铣削直角通槽的方法如图 4-27 所示。所选用三面刃铣刀的宽度应等于或小于所加工的槽宽，铣刀直径应大于铣刀杆垫圈直径与两倍槽深的和，如图 4-28 所示。

图 4-27 用三面刃铣刀铣削直角通槽

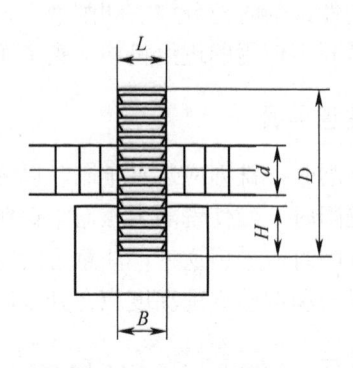

图 4-28 铣刀的选用

（2）对刀方法

用三面刃铣刀铣削直角通槽时，对刀的方法有划线对刀和侧面对刀两种。

1）划线对刀。在工件的加工部位划出直角通槽的尺寸，装夹找正工件后，调整铣床，使三面刃铣刀侧面刀刃对准工件上所划的宽度线，将横向进给紧固后，分数次进给铣削出直角通槽。

2）侧面对刀。装夹找正工件后调整铣床，使回转中的三面刃铣刀侧面刀刃轻擦工件侧面贴纸，垂直降落工作台，再将工作台横向移动一段距离 A（$A=L+C$），如图 4-29 所示，然后将横向进给锁紧，调整铣削深度，最后铣削出直角通槽。

用三面刃铣刀铣削精度要求较高的直角通槽时，应选用略小于槽宽的铣刀，先铣削好通槽的深度，再扩铣出通槽的宽度，如图 4-30 所示。

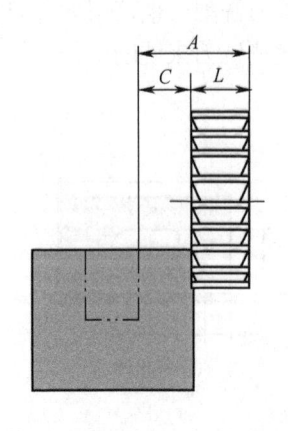

图 4-29 侧面对刀铣销直角通槽

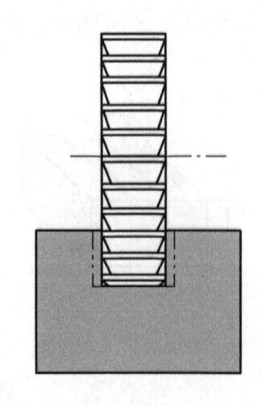

图 4-30 深度铣削好后扩铣两侧

2. 用立铣刀铣削半通槽和封闭槽

（1）铣削半通槽

用立铣刀铣削半通槽如图 4-31 所示，铣削时所选用的立铣刀的直径应等于或小于槽的宽度。另外，由于立铣刀刚性较差，铣削时易产生"偏让"现象，因此，在铣削较深的槽时，为避免因受力过大而使铣刀折断，应分多次铣削完成。对于精度要求较高的槽，也应先铣削好深度，再扩铣两侧。扩铣时，特别要注意避免顺铣，以防铣刀损坏或将工件啃伤。

（2）铣削封闭槽

用立铣刀铣削封闭槽如图 4-32 所示，铣削时，由于立铣刀有端面刃没有通过刀具中心，不能垂直进给铣削工件，因此在铣削前应先在工件上划出封闭槽的尺寸线，如图 4-33 所示。然后按线在槽的一端预钻一个小于槽宽尺寸的落刀孔，如图 4-34 所示，以便由此孔落刀铣削。铣削时，应分多次进给，每次进给均由落刀孔一端铣削向槽的另一端，槽深铣削好后再铣两则。

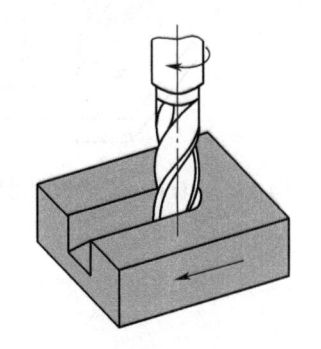

图 4-31　用立铣刀铣削半通槽

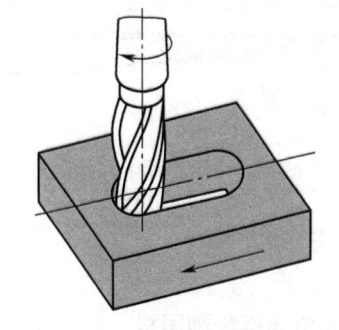

图 4-32　用立铣刀铣削封闭槽

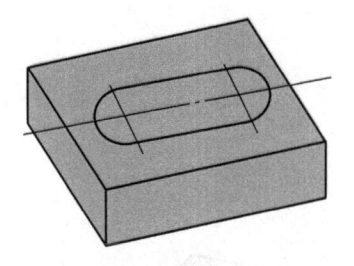

图 4-33　划封闭槽加工尺寸线

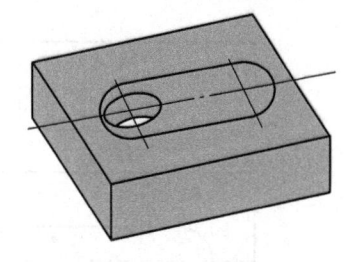

图 4-34　预钻落刀孔

3. 用键槽铣削刀铣半通槽和封闭槽

对于精度要求较高、槽较浅的半通槽和封闭槽，可用键槽铣刀铣削完成。其铣削方法与用立铣刀铣削大致相同，只是在铣削封闭槽时，由于键槽铣刀的端面刃能在垂直进刀时铣削出工件，因此铣削前不需要钻落刀孔。

二、直角沟槽的检测

1. 长度、宽度和深度的检测

直角沟槽的长度、宽度和深度使用游标卡尺、千分尺等测量，尺寸精度要求较高的沟槽可用塞规检测，如图 4-35 所示。

2. 对称度的检测

对称度可用游标卡尺、千分尺或杠杆百分表检测。用杠杆百分表检测时，工件分别以两侧面为基准放在平板上，然后将百分表测量头置于沟槽的侧面上，如图 4-36 所示。移动工件，观察百分表指针变化情况，两次测量读数的最大差值即为对称度误差，如果一致，则槽的两侧就对称于工件中心平面。

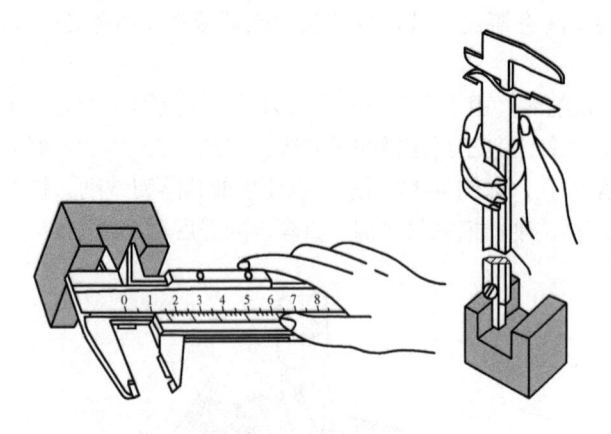

图 4-35　用游标卡尺检测沟槽尺寸 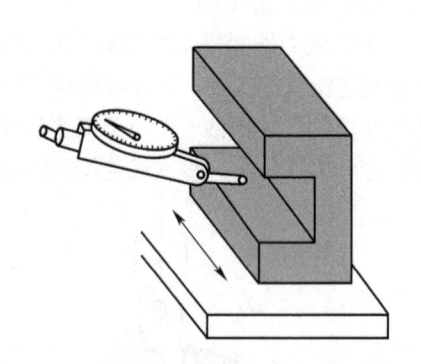　　　　图 4-36　用杠杆百分表检测对称度

三、活动实施

1. 直角沟槽铣削图样

直角沟槽铣削图样如图 4-37 所示。

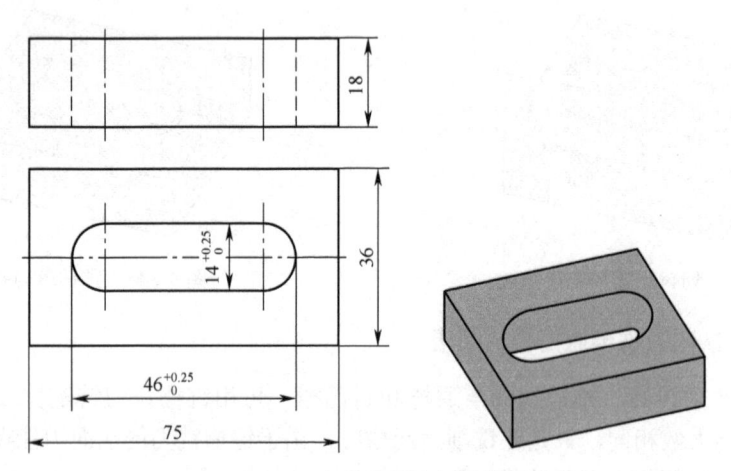

图 4-37　直角沟槽铣削图样

2. 直角沟槽铣削工艺准备

直角沟槽铣削工艺准备见表 4-3。

表 4-3 直角沟槽铣削工艺准备

内　容	准 备 说 明	图　示
毛坯	工件毛坯为 75mm×36mm×18mm，材料为 45#钢	
铣刀的选择	根据要求选用 ϕ12mm 麻花钻，ϕ12mm 和 ϕ14mm 锥柄立铣刀	
设备的选用	设备选用立式铣床	
铣削用量的选择	选择进给量 f=23.5mm/min；主轴转速粗铣时 n=375rpm，精铣时 n=600rpm；分粗、精铣，留精铣余量 1mm，粗铣应分多次完成	

3．直角沟槽的铣削加工

工件的铣削加工操作见表 4-4。

表 4-4 工件的铣削加工操作

步　骤	操作说明	图　解
划线	用高度尺在工件上划出沟槽加工线和落刀孔线	
装夹工件	工件采用平口钳装夹，并使工件高出钳口约 5mm	

续表

步骤	操作说明	图解
钻落刀孔	开动铣床，调整铣床各方向手柄，根据落刀孔划线钻落刀孔	
粗铣	安装ϕ12mm 锥柄立铣刀，调整各进给手柄，使铣刀对准落刀孔位置，降落工作台，开动铣床，开始粗铣	
检测	测量沟槽实际尺寸，根据情况调整工作台位置	
精铣	换ϕ14mm 锥柄立铣刀，精铣沟槽	

四、直角沟槽铣削的质量分析与注意事项

1. 沟槽尺寸不符合要求

（1）产生原因

1）铣刀尺寸不正确或铣刀刀刃圆跳动与端面跳动过大，铣削错槽尺寸。

2）用立铣刀铣削时产生"让刀"。

3）测量尺寸错误。

（2）解决措施

1）选用合适的铣刀并在安装后检测铣刀圆跳动与端面跳动。

2）铣削时所选用的立铣刀的直径应等于或小于槽的宽度，同时也要选用合适的铣削用量。

3）认真测量和操作。

2. 沟槽形状、位置精度不符合要求

（1）产生原因

1）因对刀对偏，槽两侧不对称，如图 4-38 所示。

2）槽侧面与工件侧面不平行，槽底面与工件底面不平行，如图 4-39 所示。

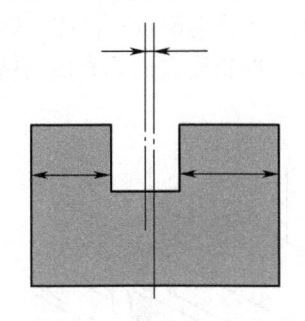

图 4-38　沟槽位置不正确　　　　图 4-39　槽形状有误差

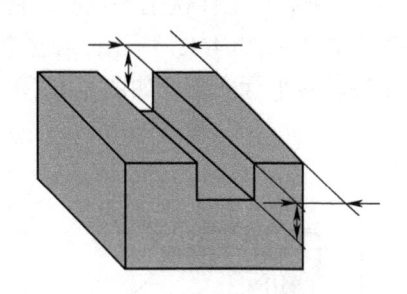

3）因工作台零位不准，用三面刃铣刀铣削时，铣削出的槽的两侧出现凹面，如图 4-40 所示。

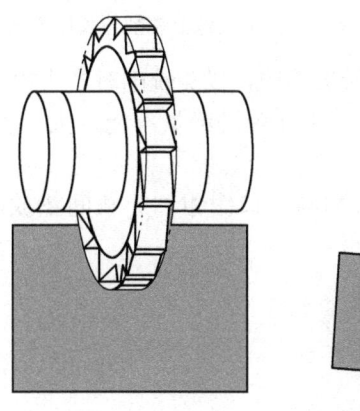

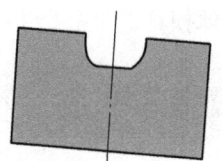

图 4-40　沟槽两侧出现凹面

（2）解决措施

1）认真对刀，并注意扩铣时工作台手柄位置的控制。

2）找正平口钳固定钳口和选择合适的垫铁。

3）校正工作台零位，随时注意铣削时的情况。

3. 表面粗糙度不符合要求

（1）产生原因

1）主轴转速过低，或进给量过大。

2）切削深度过大，铣刀铣削时不平稳。

3）铣削钢件时没浇注切削液。
4）铣刀磨损变钝。
(2) 解决措施
1）选用合适的铣削用量。
2）粗、精铣分开，特别是用立铣刀或键槽铣刀铣削封闭槽时，应分多次进给完成粗铣。
3）钢件铣削时充分浇注切削液。
4）注意铣削情况，发生磨损，应及时更换铣刀。

4．注意事项

1）用平口钳装夹工件铣削沟槽时，应注意其装夹位置。若沟槽较长，固定钳口应与主轴轴线垂直安装，如图 4-41 所示；若在窄长件上铣削与工件长度方向垂直的沟槽，则固定钳口应与主轴轴线平行安装，如图 4-42 所示。

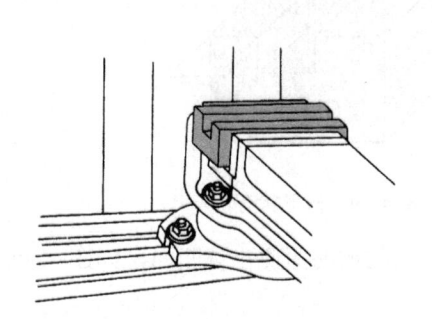

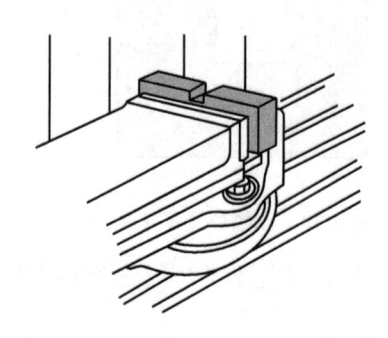

图 4-41　铣削长沟槽时平口钳的安装　　图 4-42　在窄长件上铣削与长度方向垂直的沟槽时平口钳的安装

2）使用直柄铣刀铣削时，铣刀应装夹牢固，以免铣削时产生松动。
3）使用直径较小的立铣刀铣削时，工作台进给量不能过大，以免产生"偏让"，造成质量问题。
4）铣削封闭槽时，要在工件基准面与平口钳钳体导轨间垫放两块厚度相等的平行垫铁，以免钻、铣时将钳体损坏。

活动三　轴上键槽的铣削

技能活动目标

1. 掌握轴上键槽的铣削方法。
2. 正确选用铣削键槽用的铣刀。
3. 能对轴上键槽铣削进行检测和质量分析。

技能活动内容

轴上键槽也称轴槽，其基本形式和直角沟槽一样，分为通槽、半通槽和封闭槽三种，轴槽两侧面在连接中起周向定位和传递转矩的作用。

一、轴上键槽的铣削方法

1. 铣刀的选用

轴上键槽的铣削如图 4-43 所示，铣削时，根据轴上键槽一端结构的不同，所用的铣刀也不相同，其选用方法见表 4-5。

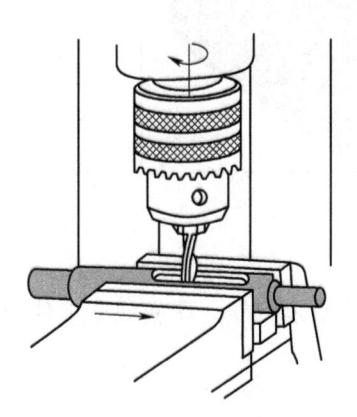

图 4-43　轴上键槽的铣削

表 4-5　轴上键槽用铣刀的选用方法

轴上键槽结构		铣刀的选用	说　明
形　式	图　示		
通槽		盘形槽铣刀	轴槽的宽度由铣刀宽度保证，槽底圆弧半径由铣刀半径保证
半通槽　圆弧形槽底		盘形槽铣刀	轴槽的宽度由铣刀宽度保证，槽底圆弧半径由铣刀半径保证
半通槽　直角槽底		键槽铣刀	按键槽宽度确定铣刀直径

续表

轴上键槽结构		铣刀的选用	说　明
形　式	图　示		
封闭槽			

2. 工件的装夹

装夹工件，不但要保证工件稳定可靠，还应保证工件的轴线位置不被改变，以确保键槽的中心平面通过轴线。

（1）用平口钳装夹

铣削轴上键槽时工件在平口钳上的装夹方法如图 4-44 所示，它装夹简便、稳固，但用平口钳装夹工件时，如果工件直径有变化，工件轴线会在左右和上下位置发生偏移，如图 4-45 所示，从而影响轴槽的铣削深度和对称度，因此，装夹时应特别注意。

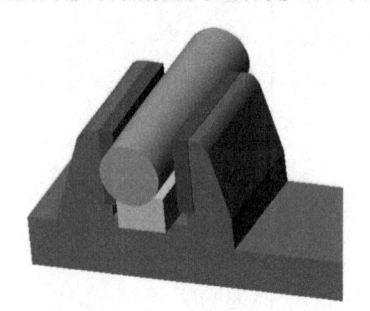

图 4-44　用平口钳装夹工件

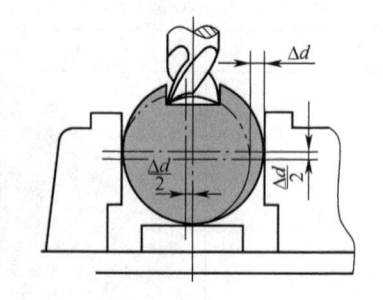

图 4-45　工件直径变化对轴槽位置的影响

（2）用 V 形架装夹

用 V 形架装夹工件的方式如图 4-46 所示。把工件放置在 V 形架内，并用压板紧固装夹。当工件直径发生变化时，其轴线只在 V 形槽内的对称平面内上下变动，如图 4-47 所示。因此当键槽铣刀的轴线或盘形铣刀的对称平面与 V 形槽的对称平面重合时，能保证一批工件上轴槽的对称度，只是对轴槽深度有一定的影响，但变化量一般不会超过槽深的公差。

在安装 V 形架时，应选用标准的量棒放入 V 形槽内，用百分表校正其上素线与工作台台面的平行度、其侧素线与工作台纵向进给方向的平行度，如图 4-48 所示。对于直径在 20～60mm 范围内的长轴，可将工件直接在工作台中央用 T 形槽定位，然后用压板压紧，如图 4-49 所示。

（3）用分度头装夹

用分度头主轴与尾座的两顶尖或用三爪自定心卡盘与尾座顶尖的一夹一顶方法装夹工件如图 4-50 所示。因工件的轴线始终在两顶尖或三爪自定心卡盘与后顶尖的连线上，其位置不因工件直径的变化而变化，从而能很好地保证键槽的对称度。

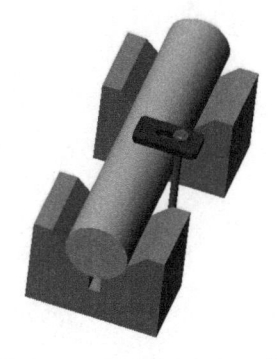

图 4-46　用 V 形架装夹工件

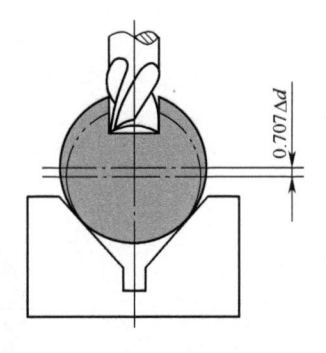

图 4-47　工件直径变化对槽深的影响

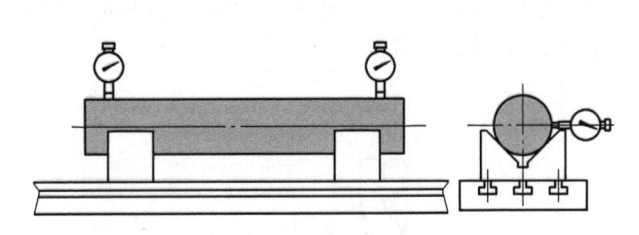

图 4-48　用百分表校正 V 形架

图 4-49　工件直接压紧在工作台上

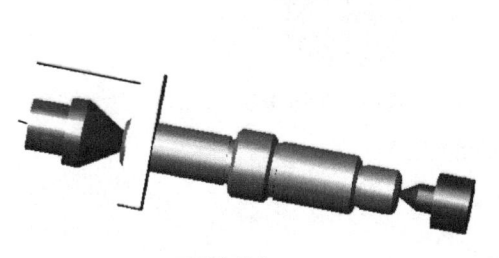

(a) 两顶尖装夹　　　　　　　(b) 一夹一顶装夹

图 4-50　用分度头装夹工件

3．铣刀位置的调整

（1）键槽铣刀的对刀

为保证轴上键槽的对称度，在铣削轴上键槽时，应通过对刀调整，使键槽铣刀的轴线或盘形铣刀的对称平面通过工件轴心线。

1）切痕对刀。其操作方法如下。

① 根据加工要求，选择合适的工件装夹方法。

② 适当调整铣床各进给手柄，使键槽铣刀中心大致对准工件的中心。

③ 开动铣床，让铣刀轻划工件，并在工件上铣削出一个宽度略小于铣刀直径的小平面，如图 4-51 所示。

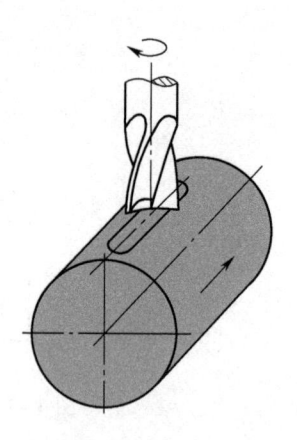

图 4-51　试铣削出小平面

④ 用目测或尺量，判断铣刀中心是否通过工件轴心线，如图 4-52 所示。若平面两侧的台阶高度一致，说明铣刀中心通过工件轴心线，然后开始铣削。

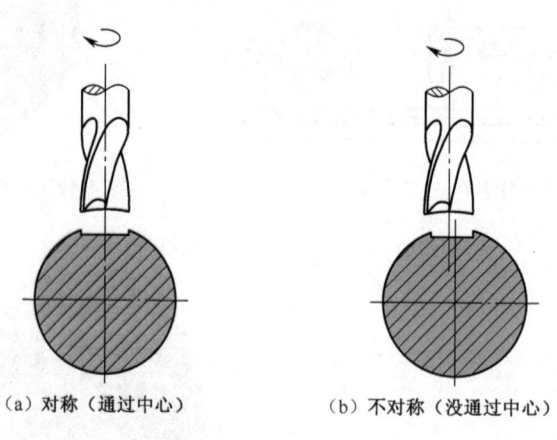

（a）对称（通过中心）　　　　（b）不对称（没通过中心）

图 4-52　对中心的判断

2）用游标卡尺测量对刀。其操作方法如下。

① 根据加工要求，选择合适的工件装夹方法。

② 用钻夹头夹持与键槽铣刀直径相同的圆棒，并调整工件与圆棒的位置，如图 4-53 所示。

③ 用游标卡尺测量圆棒与两钳口间的距离，若两钳口间的距离相等，即 $a=a'$，说明中心已对好，如图 4-54 所示。

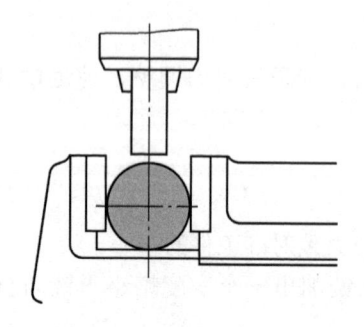

图 4-53　装夹圆棒并调整其与工件的位置 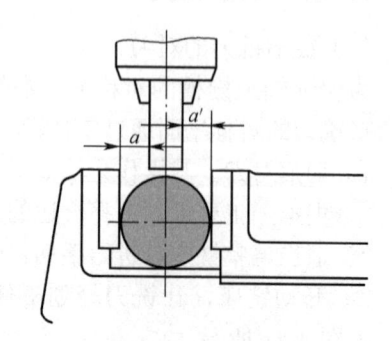　　　图 4-54　用游标卡尺测量对中心

④ 锁紧横向工作台，换装铣刀，进行试铣。

⑤ 再次测量，无误后，进行铣削。

3）用杠杆百分表对刀。对于加工精度要求较高的轴上键槽的铣削对刀，采用此方法进行。其操作方法如下。

① 先将工件轻夹在平口钳内，如图4-55所示。

② 将百分表固定在立铣头主轴的下端，如图4-56所示。

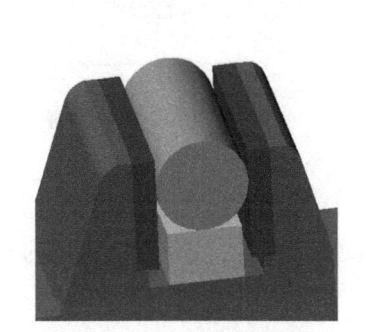

图 4-55　平口钳装夹工件　　　　图 4-56　固定百分表

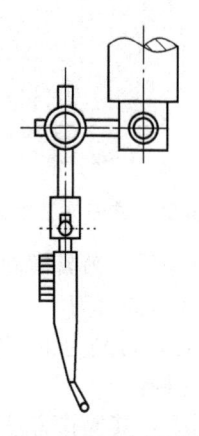

③ 用手转动主轴，并适当调整横向工作台，使百分表的读数在钳口两内侧面一致，如图4-57所示。

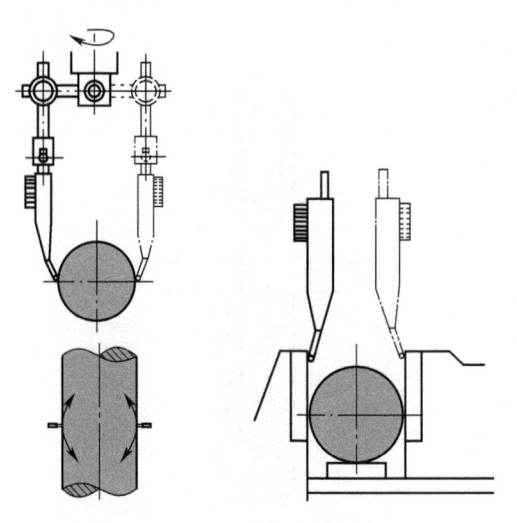

图 4-57　用百分表测量对中心

④ 中心对准后，锁紧横向工作台，进行铣削。

4）用工件的侧母线对刀。其操作方法如下。

① 根据加工要求，选择合适的工件装夹方法。

② 调整各进给手柄，并转动铣刀，使铣刀与工件侧母线接触，如图4-58所示。

③ 降落工作台，向铣刀方向横向移动工作台一个铣刀半径加工件半径的距离，使铣刀轴心线通过工件中心，如图4-59所示。

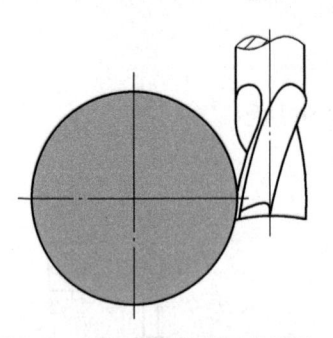

图 4-58　铣刀与工件侧母线接触　　　　　图 4-59　调整中心

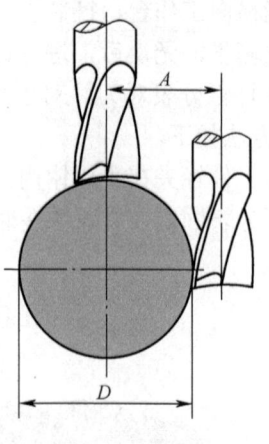

④ 中心对好后,锁紧横向工作台,然后铣削。

(2) 盘形铣刀的对刀

盘形铣刀的对刀是为了使铣刀厚度的中心通过工件轴心线而保证轴槽的对称度。其对刀方法有以下几种。

1) 切痕对刀。其操作方法如下。

① 根据加工要求,选择合适的工件装夹方法。

② 调整各进给手柄,使铣刀厚度的中心大致处于工件轴心线的对称平面位置。

③ 启动铣床,使铣刀在工件上母线铣削出一个小于键槽宽度的椭圆形小平面,如图 4-60 所示。

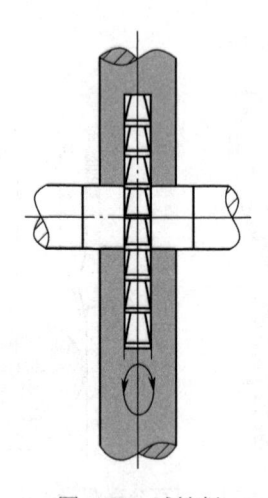

图 4-60　试铣削

④ 观察铣刀两端面中心,若处于小平面的中心位置,则铣刀厚度的中心就通过工件中心。

⑤ 锁紧横向工作台,开始铣削。

2) 测量对刀。其操作方法如下。

① 根据加工要求,选择合适的工件装夹方法。

② 调整各手柄位置,使铣刀厚度的中心大致对准工件中心。

③ 把角尺放在工作台台面上，使长边分别靠向工件的两侧母线，如图4-61所示。

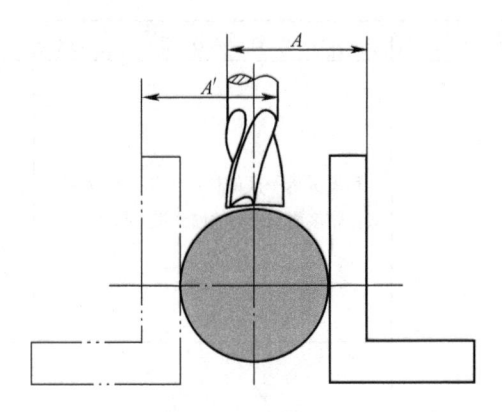

图4-61 测量对刀

④ 调整工作台位置，并用游标卡尺测量，使 $A=A'$，即对好中心。
⑤ 锁紧横向工作台，开始铣削。
3）用工件的侧母线对刀。其操作方法如下。
① 根据加工要求，选择合适的工件装夹方法。
② 调整各进给手柄，并转动铣刀，使铣刀与工件侧母线接触，如图4-62所示。
③ 降落工作台，向铣刀方向横向移动工作台一个铣刀厚度加工件半径的距离 A（$A=(L+D)/2$），使铣刀轴心线通过工件中心，如图4-63所示。

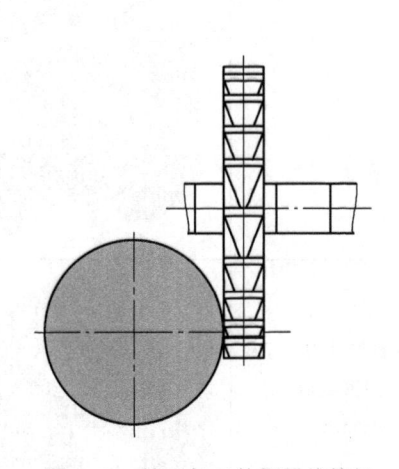

图4-62 铣刀与工件侧母线接触　　图4-63 调整中心

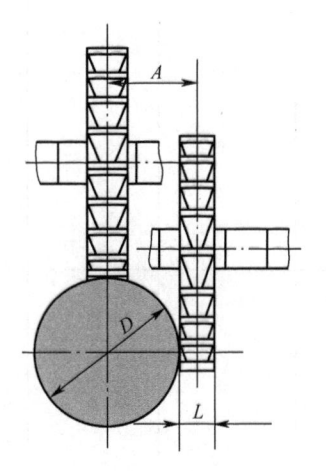

④ 中心对好后，锁紧横向工作台，然后铣削。

4. 铣削方法

轴上键槽的铣削方法见表4-6。

表 4-6　轴上键槽的铣削方法

键槽形式	装夹方式	铣刀类型	铣削方法	图　解
通键槽	平口钳	盘形铣刀	精度要求不高的槽，一次进给铣削完成；精度要求较高的槽分粗、精铣	
	V形架		用压板压住工件60～100mm处，由工件端部向内铣削一段槽长，停车后将压板移至端部，再开车铣削	
半通键槽	平口钳	键槽铣刀	用符合键槽尺寸的键槽铣刀分层铣削。粗铣时，每次铣削深度约0.5～1mm，留精铣余量0.2～0.5mm	
		盘形铣刀	精度要求不高的槽，一次进给铣削完成；精度要求较高的槽分粗、精铣	

续表

键槽形式	装夹方式	铣刀类型	铣削方法	图解
封闭键槽	平口钳	键槽铣刀	1. 用符合键槽尺寸的键槽铣刀分层铣削。粗铣时，每次铣削深度约 0.5～1mm，留精铣余量 0.2～0.5mm 2. 先用直径比槽宽小 0.5mm 左右的键槽铣刀进行分层往复粗铣至接近槽深，槽深留精铣余量 0.1～0.3mm，槽两端留精铣余量 0.2～0.5mm，再用符合键槽尺寸的键槽铣刀精铣	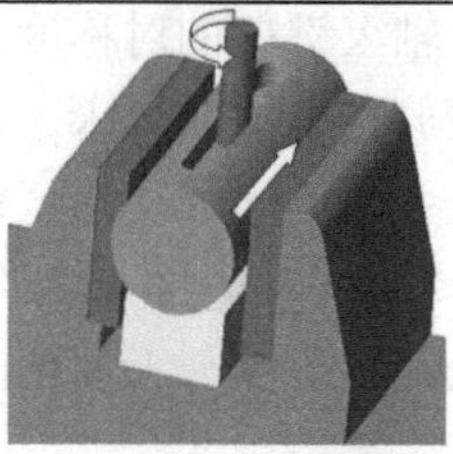
	V 形架			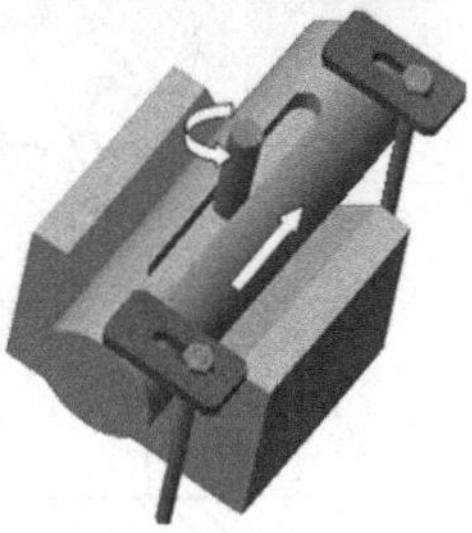

二、轴上键槽的检测

1. 宽度的检测

轴上键槽的宽度一般采用塞规或塞块的通端塞入槽中进行检测，止端不允许塞入槽中为合格，如图 4-64 所示。有时也采用游标卡尺测量，如图 4-65 所示。

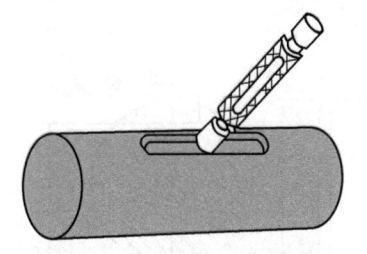

图 4-64 用塞规检测键槽宽度 　　图 4-65 用游标卡尺检测键槽宽度

2. 深度的检测

轴上键槽的深度一般采用游标卡尺、千分尺或深度尺进行检测，如图 4-66 所示。

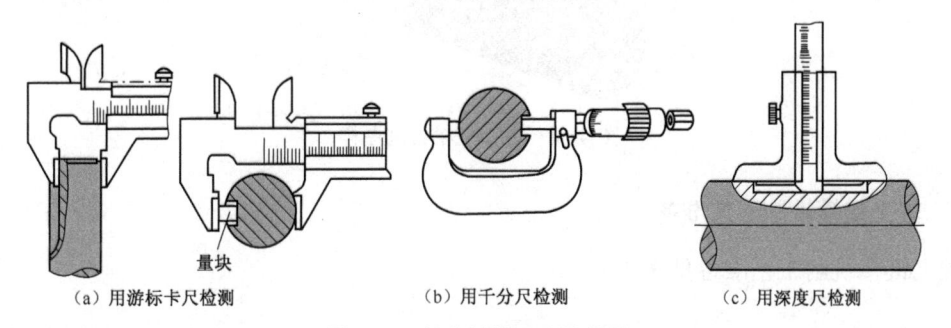

(a) 用游标卡尺检测　　(b) 用千分尺检测　　(c) 用深度尺检测

图 4-66 轴上键槽深度的检测

3. 对称度的检测

轴上键槽的对称度一般采用百分表检测。检测时，选择两块高度相等的 V 形铁，将 V 形铁放在平板或铣床工作台台面上，把工件放入 V 形铁内，用百分表检测塞块的 A 面与工作台台面的平行度，记住百分表读数值，然后将工件翻转 180°，使塞块的 B 面向上，再用百分表检测 B 面与工作台台面的平行度，记住百分表读数值，两次读数值差值的一半就是轴上键槽两侧与工件轴心线的对称度误差，如图 4-67 所示。

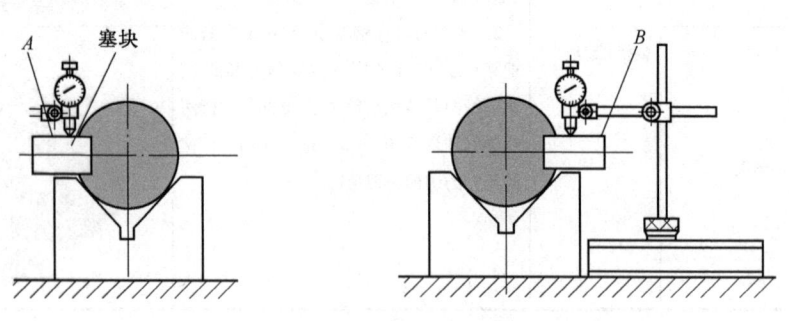

图 4-67 轴上键槽对称度的检测

三、活动实施

1. 轴上键槽铣削图样

轴上键槽铣削图样如图 4-68 所示。

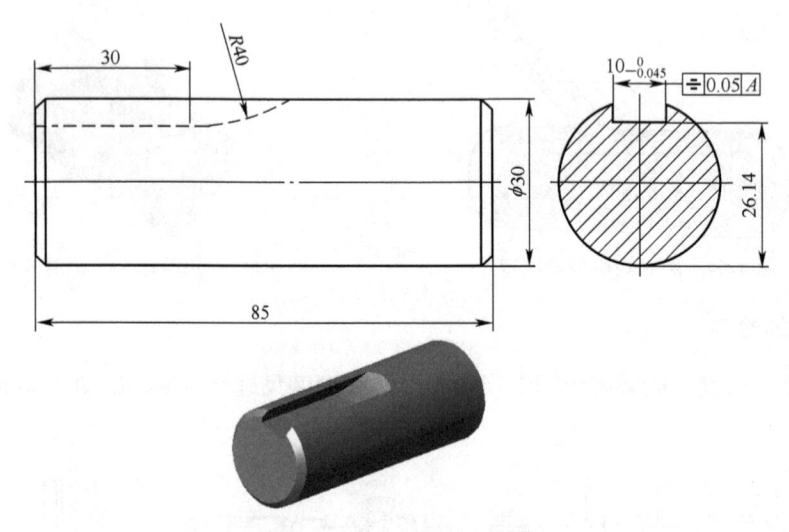

图 4-68 轴上键槽铣削图样

2. 轴上键槽铣削工艺准备

轴上键槽铣削工艺准备见表 4-7。

表 4-7　轴上键槽铣削工艺准备

内　容	准 备 说 明	图　示
毛坯	工件毛坯为ϕ30mm×85mm，材料为45#钢	
铣刀的选择	根据要求选用ϕ60mm×10mm盘形铣刀	
设备的选用	设备选用卧式铣床	
铣削用量的选择	选择进给量 f=47.5mm/min，主轴转速 n=95rpm，精铣时 n=600rpm，一次铣削完成	

3．轴上键槽的铣削加工

工件的铣削加工操作见表 4-8。

表 4-8　工件的铣削加工操作

步　骤	操 作 说 明	图　解
装夹工件	工件采用平口钳装夹，装夹前应校正平口钳固定钳口与工作台纵向进给方向的平行度	

续表

步骤	操作说明	图解
准备	安装盘形铣刀，检查铣刀径向圆跳动和端面圆跳动，并调整转速与进给量	
试铣	调整各进给手柄位置，进行对刀，并进行试铣（检测铣刀尺寸和对称中心，并根据情况进行适当调整）	
铣削	上升工作台至铣削深度距离，锁紧工作台横向进给，开始铣削	
检测	检测键槽各尺寸和对称度，合格后取下工件	

四、轴上键槽铣削的质量分析与注意事项

1. 键槽的宽度尺寸不合格

（1）产生原因
1）铣刀尺寸不合格。
2）用键槽铣刀铣削时，铣刀圆跳动过大；用盘形铣刀铣削时，铣刀端面跳动过大，将键槽铣宽。
3）铣削时，吃刀深度过大，进给过快，产生"让刀"，将键槽铣宽。
（2）解决措施
1）选用合格的铣刀。
2）铣刀安装后应进行径向与端面圆跳动的检查直至符合要求。
3）选用合适的铣削用量，并注意观察铣削情况。

2. 键槽对称度不符合要求

（1）产生原因
1）铣刀没对准中心。
2）扩铣时两边铣削余量不一致。
3）工件外径尺寸不一致，影响键槽对称度。
（2）解决措施
1）认真对刀，最好采用测量对刀和试铣削。
2）注意扩铣情况。
3）铣削前应检查工件外径尺寸，最好同一批次一起加工，并在铣削中及时进行检测。

3. 键槽两侧面与工件轴心线不平行

键槽两侧面与工件轴心线不平行的情况如图 4-69。

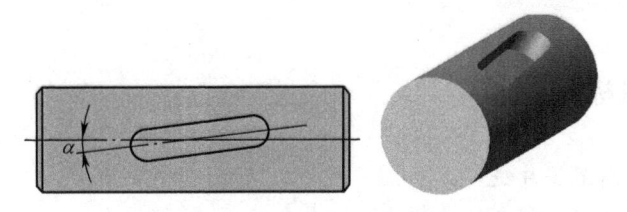

图 4-69　键槽两侧面与工件轴心线不平行

（1）产生原因
1）用 V 形铁或平口钳装夹工件时，V 形铁或平口钳没有校正好。
2）工件外径尺寸两端不一致，一端大，一端小。
（2）解决措施
1）用 V 形铁装夹工件时应选用标准的量棒放入 V 形槽内，用百分表校正其上素线与工作台台面的平行度、其侧素线与工作台纵向进给方向的平行度；平口钳应校正好固定钳口与工作台的平行度。
2）铣削前认真检测工件外径，及时处理。

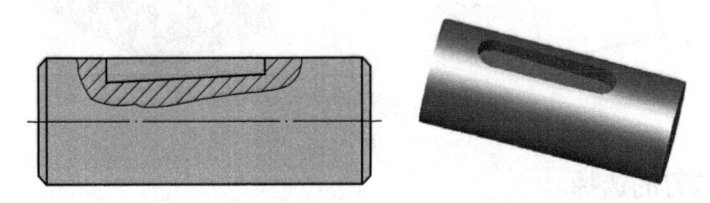

4. 键槽槽底与工件轴心线不平行

键槽槽底与工件轴心线不平行的现象如图 4-70 所示。

图 4-70　键槽槽底与工件轴心线不平行

（1）产生原因
1）工件上母线未找水平。
2）选用垫铁不平行或选用的两块 V 形铁不等高。

（2）解决措施

1）认真装夹并找正工件。精度要求较高时应用百分表找正。

2）选用两块等高V形铁，并用百分表校正。

5. 注意事项

1）用钻夹头或弹簧夹头装夹铣刀时，应检查铣刀的圆跳动是否合格。

2）铣刀装夹应牢固可靠。

3）用平口钳或V形铁装夹工件时应仔细校正V形铁或平口钳，以保证键槽两侧面与工件轴心线平行。

4）键槽铣削前应仔细对刀，以保证铣刀通过工件轴心线。

5）键槽铣刀刚性差，铣削时应合理选用铣削用量，并分层进行铣削。

活动四　切断与窄槽的铣削

技能活动目标

1. 正确选择切断用锯片铣刀。
2. 掌握用锯片铣刀切断工件的方法。
3. 掌握用开缝铣刀铣削窄槽的方法。
4. 能分析切断时铣刀折断的原因并采取相应措施。

技能活动内容

为了节省材料，切断工件时多采用薄片圆盘形的锯片铣刀，如图4-71所示。在铣床上用锯片铣刀切断条形或板形工件，能获得质量较好的切口和比较准确的长度。

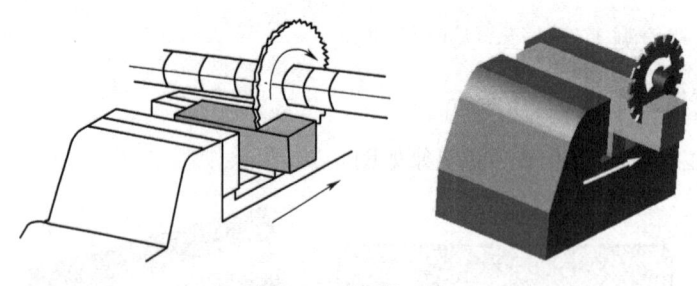

图4-71　切断工件

一、锯片铣刀的选择

锯片铣刀分为粗齿、中齿和细齿三种，如图4-72所示。粗齿锯片铣刀的齿数较少，约为细齿齿数的1/3，其齿槽的容屑量大，用于切断工件；中齿锯片铣刀的齿数较多，约为细齿齿数的1/2，细齿锯片铣刀的齿数较多，齿更细且排列更密，这两种铣刀适用于切断较薄的工件和铣削窄槽。

(a) 粗齿　　　　　　　(b) 中齿　　　　　　　(c) 细齿

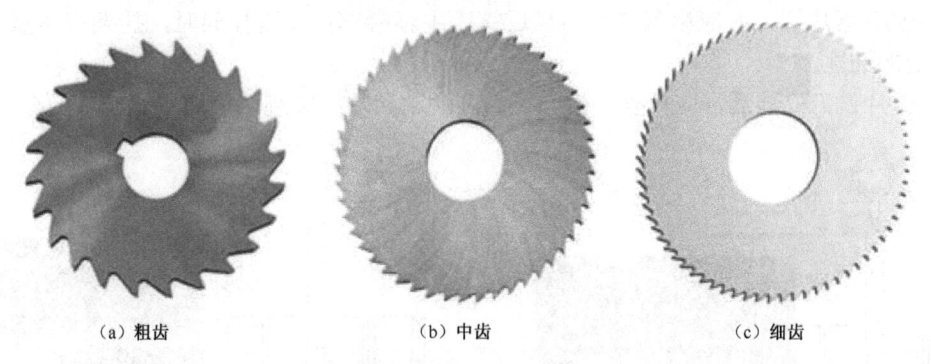

图 4-72　锯片铣刀的种类

切断工件时，主要选择锯片铣刀的直径和厚度，在能够把工件切断的情况下应尽量选择直径较小的锯片铣刀。

1. 锯片铣刀直径的确定

铣刀直径可按下式确定：

$$D > d + 2t$$

式中　D——铣刀直径，mm；
　　　d——铣刀杆垫圈直径，mm；
　　　t——工件切断厚度，mm。

2. 锯片铣刀厚度的确定

铣刀直径确定后，再确定铣刀厚度。一般情况下铣刀厚度的选择原则如下：
1）厚度在 2～5mm 之间选取。
2）铣刀直径大时，选较大的厚度值；直径较小时，选较小的厚度值。

二、锯片铣刀的安装

锯片铣刀比较薄，直径大，刚性较差，强度较低，切断时的深度又较深，受力较大，切断时容易折断。因此安装锯片铣刀时应注意以下几点。

1）锯片铣刀与铣刀杆之间不能安装键。铣刀靠铣刀杆垫圈和铣刀两端面间的摩擦力紧固。为防止铣刀杆的紧固螺母在铣削中松动，可在靠近紧刀螺母的铣刀杆垫圈内安装键，如图 4-73 所示。

2）安装大直径锯片铣刀时，为增大其刚性和摩擦力，使铣刀工作更加平稳，可在铣刀两端面安装夹板，如图 4-74 所示。

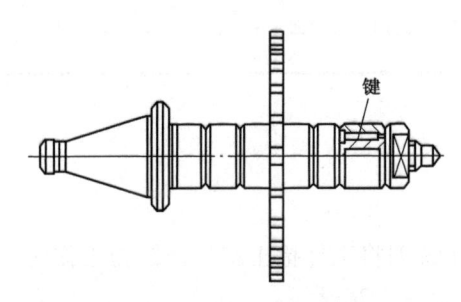

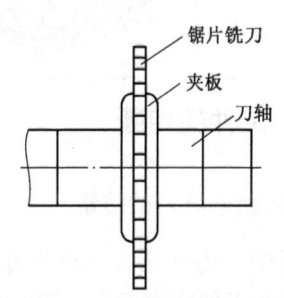

图 4-73　锯片铣刀的安装　　　　　图 4-74　大直径锯片铣刀的安装

3）安装锯片铣刀时应尽量使铣刀靠近铣床主轴端部；安装挂架时，挂架应尽量靠近铣刀，以增加刚性。

4）锯片铣刀安装后，应检查刀齿的径向圆跳动和端面圆跳动，如图 4-75 所示。

(a) 径向圆跳动的检查　　　　　　　(b) 端面圆跳动的检查

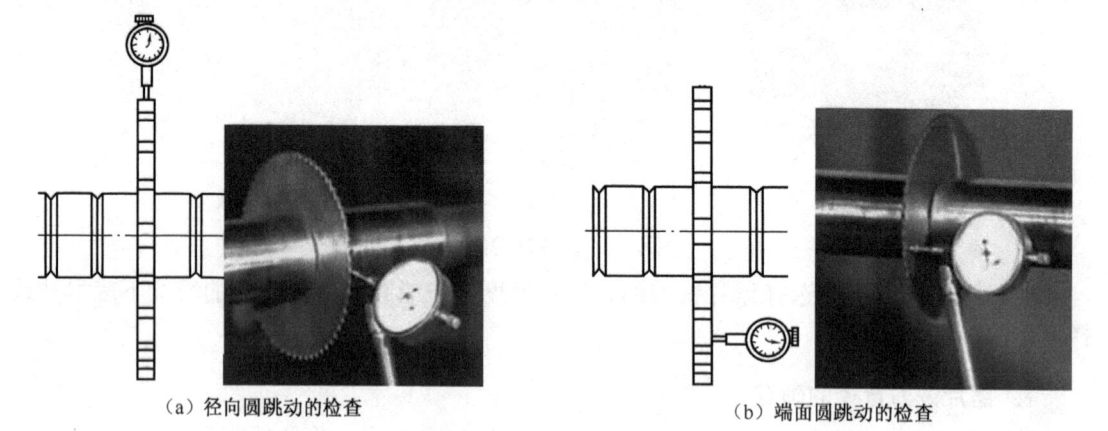

图 4-75　锯片铣刀的检查

三、工件的装夹

在切断工件时，工件装夹如果不牢固，切断时易引起铣刀折断和工件报废。切断时工件常用的装夹方式见表 4-9。

表 4-9　切断时工件常用的装夹方式

装夹方式	图 解	要　　求	适用范围
平口钳		1. 固定钳口应与铣床主轴轴心线平行安装 2. 使铣削力朝向固定钳口 3. 工件伸出钳口一端的长度应尽量小些，以铣削不着钳口为宜	一般的圆料或条形工件
压板		1. 压板应尽量靠近铣刀 2. 工件侧面和端面可安装定位靠铁 3. 工件切缝应处于工作台 T 形槽上方，以防切断中铣伤工作台台面	大型长而薄的工件

四、工件的切断

1. 切断时铣刀的位置

切断中，为使铣刀工作平稳和安全，防止铣刀将工件抬出钳口，铣刀工作时，其圆周刃应刚好与工件底面相切，即刚好切透工件，如图 4-76 所示。

(a) 正确　　　　　　(b) 错误

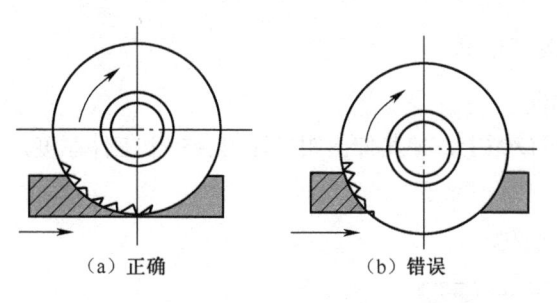

图 4-76　切断时铣刀的位置

2. 切断时对刀的方法

（1）侧面对刀

1）将工件按要求装夹在平口钳上。

2）摇动铣床各进给手柄，使铣刀侧面轻擦工件的端面，如图 4-77 所示。

3）纵向退出工件，然后移动横向工作台一个 A 的距离，使 $A=L+B$，如图 4-78 所示。为使切断时铣刀不伤到钳口，工件露出钳口的长度应比所要切断的长度多 5～10mm。

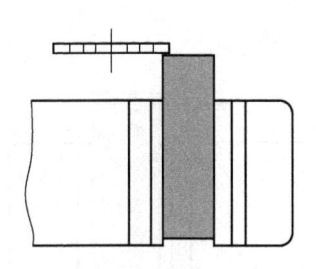

图 4-77　铣刀轻擦工件的端面　　　　图 4-78　侧面对刀

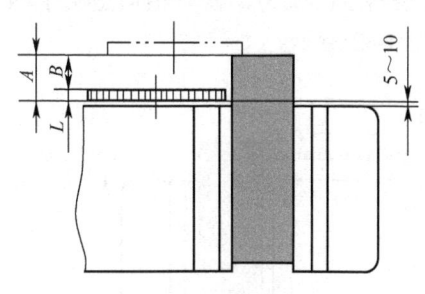

（2）测量对刀

1）将工件用压板按要求装夹在铣床工作台台面上。

2）移动工作台，使工件上平面与锯片铣刀接近。

3）将钢直尺的端面靠向铣刀的侧面，如图 4-79 所示。

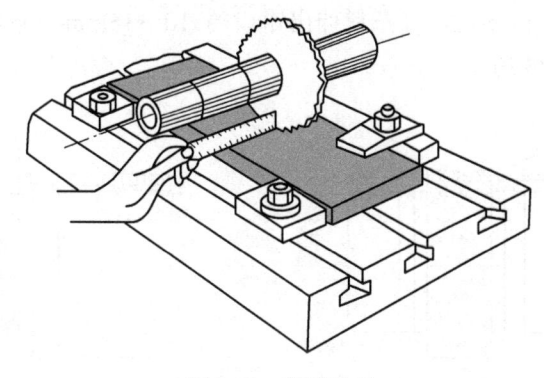

图 4-79　测量对刀

4）移动横向工作台，使钢直尺尺寸符合工件所需切断的尺寸要求。对刀即完成，然后纵向退出工件。

3. 工件用平口钳装夹切断

（1）较薄工件的切断

1）将条料装夹在平口钳上，使其伸出钳口端 3～5 个工件厚度，夹紧并找正，如图 4-80 所示。

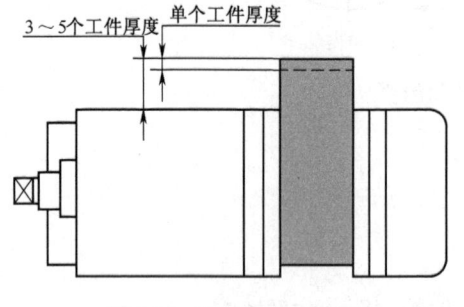

图 4-80　按要求装夹条料

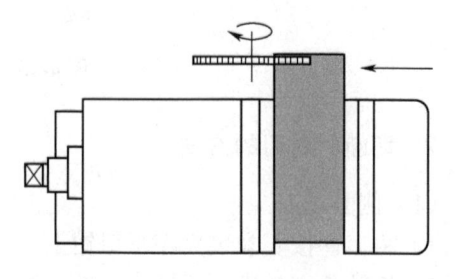

图 4-81　切除条料毛坯

2）对刀调整，锁紧横向进给，切除条料毛坯，如图 4-81 所示。

3）将条料退出铣刀，松开横向进给手柄，移动横向工作台一个铣刀厚度加上一个工件厚度，如图 4-82 所示。

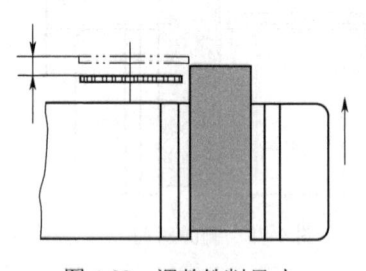

图 4-82　调整铣削尺寸

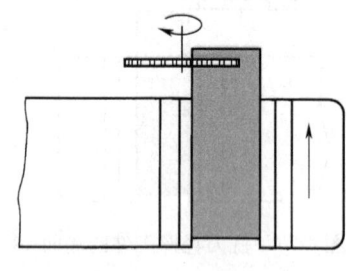

图 4-83　切断

4）锁紧横向进给，切出第一件工件，如图 4-83 所示。

5）按上述方法切出其余工件。

（2）较厚工件的切断

1）将条料装夹在平口钳上，使条料伸出钳口端 10～15mm，夹紧并找正，然后切去条料的毛坯端部，如图 4-84 所示。

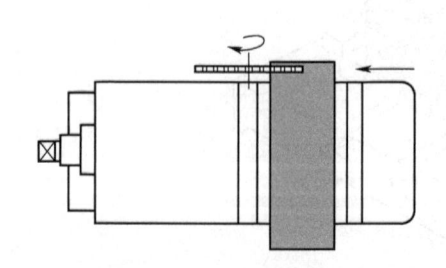

图 4-84　切去条料毛坯

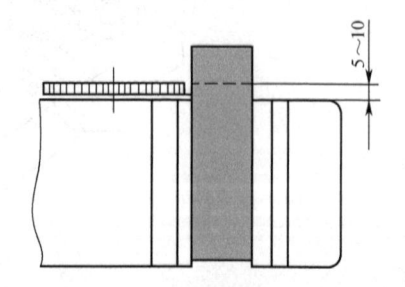

图 4-85　调整铣削尺寸

2）退刀，松开条料，使条料伸出钳口端一个工件厚度加上 5～10mm 的长度，如图 4-85 所示，夹紧工件。

3）按要求对刀，然后锁紧横向工作台，切断工件。

（3）较短条料的切断

条料切到最后，长度变短，装夹再切断时会使钳口两端受力不均匀，活动钳口出现歪斜，切断条料易被铣刀抬出钳口，损伤铣刀和工件。因此，条料切到最后时，应在钳口的另一端垫上切成的工件或垫铁，如图 4-86 所示，使钳口两端受力均匀，保证铣削的顺利进行。条料长度只剩下 20～30mm，就不再进行切断了。

（4）带孔工件的切断

切断带孔工件时，应将平口钳的固定钳口与铣床主轴轴心线平行安装，夹持工件孔的两端面进行切断，如图 4-87 所示。

图 4-86　垫工件或垫铁后切断条料　　　图 4-87　带孔工件的装夹

4．铣削窄槽

工件上较窄的直角槽如螺钉的开口等，在大批生产时，均在专用机床上进行加工，批量较小时可在铣床上进行。为了装卸方便，又不损伤工件，一般采用开口螺母、对开半圆孔夹紧块和对开 V 形块辅助装夹，如图 4-88 所示，在平口钳上装夹工件进行铣削。

（a）开口螺母　　　（b）对半圆孔夹紧块　　　（c）对开 V 形块

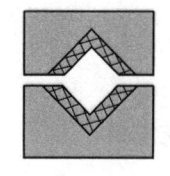

图 4-88　铣削窄槽时装夹工件的辅助夹具

工件还可用三爪自定心卡盘装夹，装夹时可在三爪自定心卡盘上垫铜皮或用开口螺纹护套辅助装夹，如图 4-89 所示。

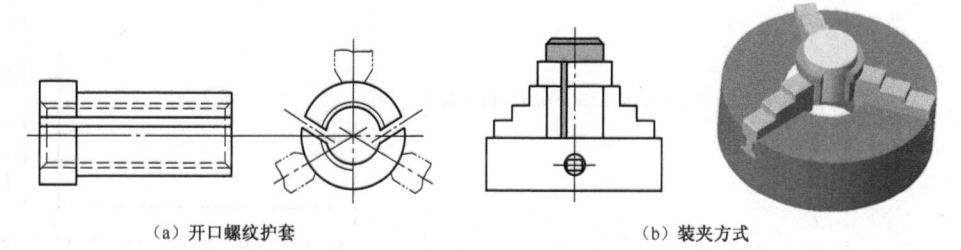

（a）开口螺纹护套　　　（b）装夹方式

图 4-89　用三爪自定心卡盘装夹工件

5. 防止锯片铣刀折断的方法

1）选择合适的锯片铣刀的直径和厚度，或者改善锯片铣刀的结构与几何角度，以此来提高铣刀的切削使用性能。

2）保持锯片铣刀刃口的锋利。

3）较宽且厚的工件的切断，必须校正铣床工作台的零位。

4）在切断韧性金属时，应充分浇注切削液，以防止因切削热过高而使铣刀变形碎裂。

5）在铣削过程中，发现铣刀未夹紧或因铣削力过大而产生停刀、打滑等现象时，应先停止工作台进给，然后再停止铣床主轴的旋转。

五、活动实施

1. 切断图样

切断图样如图 4-90 所示。

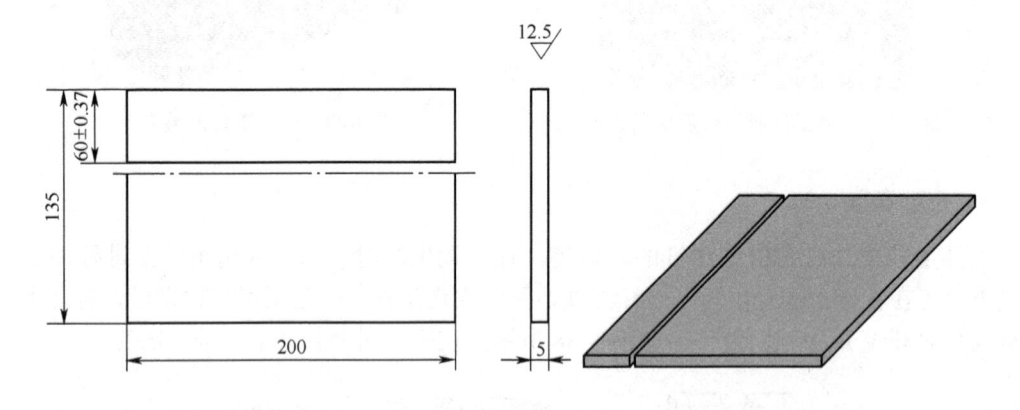

图 4-90 切断图样

2. 切断工艺准备

切断工艺准备见表 4-10。

表 4-10 切断工艺准备

内容	准备说明	图示
毛坯	工件毛坯为 200mm×135mm×5mm，材料为 45#钢	

续表

内　容	准　备　说　明	图　示
铣刀的选择	根据要求选用 ϕ60mm×3mm 中齿锯片铣刀	
设备的选用	设备选用卧式铣床	
铣削用量的选择	选择进给量 f=23.5mm/min，主轴转速 n=47.5rpm	

3. 切断操作

工件的切断操作见表 4-11。

表 4-11　工件的切断操作

步　骤	操　作　说　明	图　解
装夹工件	工件采用压板直接装夹在铣床工作台台面上	
对刀	1. 移动工作台，使工件上平面与锯片铣刀接近 2. 将钢直尺的端面靠向铣刀的侧面 3. 移动横向工作台，使工件端面与钢直尺 60mm 刻线对齐	

步　　骤	操作说明	图　解
调整吃刀深度	纵向退出工件，锁紧横向工作台，调整铣削距离并安装好纵向自动停止挡铁，垂向上升工作台8mm	
切断	开动铣床，摇动纵向工作台手柄，铣刀将要切到工件时机动进给切断工件	

六、切断注意事项

1）尽量采用手动进给，且要匀速进给。

2）若采用机动进给，应先用手动进给切入工件后再机动进给，且进给速度不能过快。

3）工件快要切断时，应断开机动进给，改为手动进给缓慢切出。

4）切断过程中，要注意随时观察铣削情况，发现问题应先停止工作台进给，再停止主轴旋转，然后退出工件。

5）切断时不使用的进给机构要锁紧。

6）切断时，切削力的方向应朝向夹具的固定支承部位。

项目五　特形沟槽的铣削

常见的特形沟槽有 V 形槽、T 形槽、燕尾槽、半圆键槽等，它们广泛用于各种夹具和机床导轨中。特形沟槽一般采用刃口形状与沟槽相同的铣刀铣削。

活动一　V 形槽的铣削

技能活动目标

1. 掌握 V 形槽的铣削方法。
2. 正确选用铣削 V 形槽用铣刀。
3. 能分析铣削中出现的质量问题。

技能活动内容

常用的 V 形槽夹角有 90°和 60°两种。铣削时一般采用角度铣刀直接铣削出，有时也采用立铣刀和三面刃铣刀铣削出。

一、V 形槽的铣削方法

1. **用双角铣刀铣削 V 形槽**

用双角铣削刀铣削 V 形槽如图 5-1 所示。

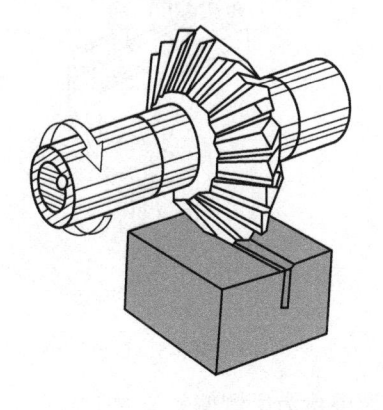

图 5-1　用双角铣刀铣削 V 形槽

(1) 铣刀的选用

用双角铣刀铣削 V 形槽时，必须先在工件上用锯片铣刀铣削窄槽，然后再用双角铣刀铣削。锯片铣刀的直径和厚度可按下式选用：

$$D>d+2t$$

式中　D——铣刀直径，mm；
　　　d——铣刀杆垫圈直径，mm；
　　　t——V 形槽窄槽宽度，mm。

另外，所选用角度铣刀的角度应与 V 形槽角度相适应。

(2) 用双角铣刀铣削 V 形槽的操作步骤

1) 按要求在工件上划出 V 形槽窄槽对称宽度加工线，如图 5-2 所示。

2) 装夹工件。先安装平口钳，保证固定钳口与工作台纵向进给方向平行，最后将工件装夹在平口钳中，并找正工件使它上平面与工作台台面平行，如图 5-3 所示。

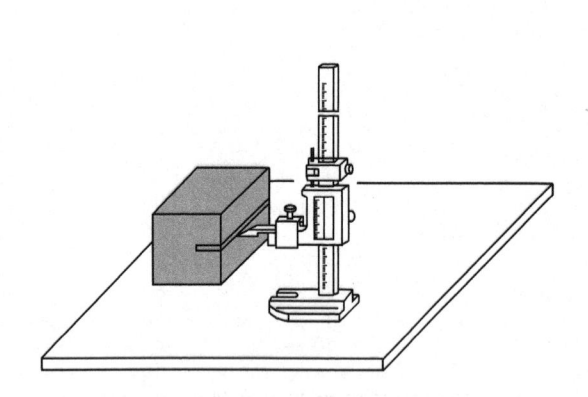

图 5-2　划窄槽对称宽度加工线　　　　图 5-3　工件的装夹与找正

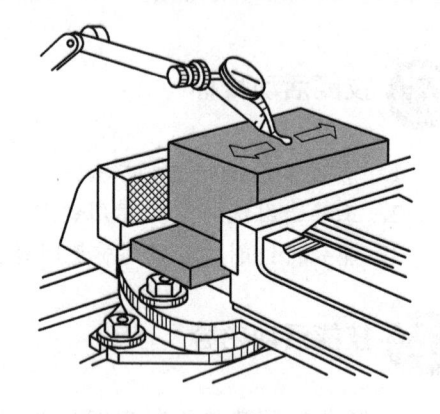

3) 摇动各工作台手柄，使工件上平面慢慢靠近铣刀，并对准窄槽加工划线，如图 5-4 所示。

4) 开动铣床，使铣刀在工件表面切出一刀痕，退出工件，停车检测，看切痕两边的距离是否相等，如图 5-5 所示。

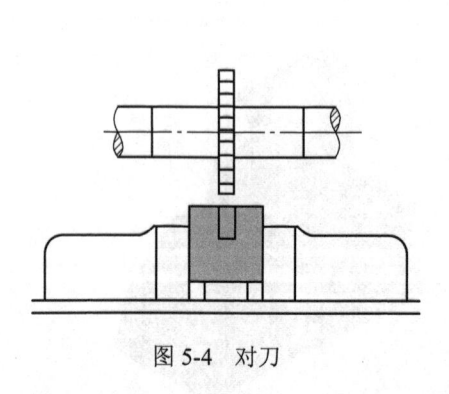

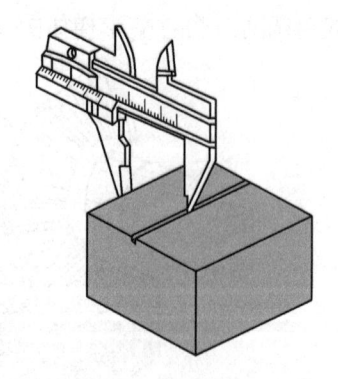

图 5-4　对刀　　　　图 5-5　试铣试测

5) 根据检测情况，调整横向工作台位置，调整量为所测偏差值的 1/2。

6) 调整后，再进行试铣削，使窄槽位置符合要求。

7）窄槽位置合格后，锁紧横向工作台，开始铣削窄槽，如图5-6所示。

8）摇动各工作手柄对刀，垂向上升工作台，用90°角尺检查并根据情况调整横向工作台位置，使双角铣刀刀尖处于窄槽中间，如图5-7所示。

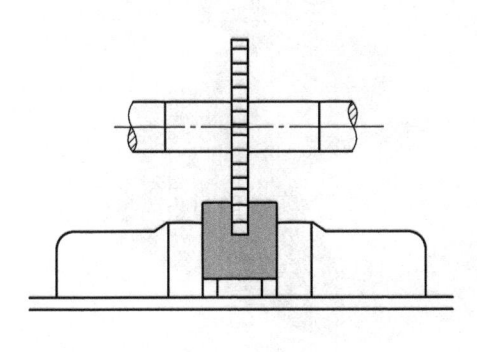

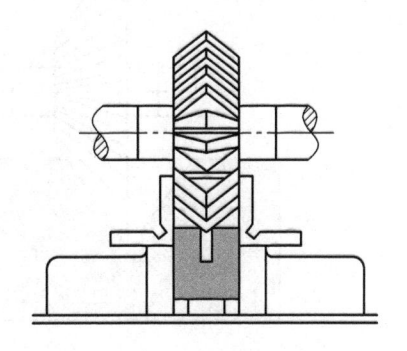

图 5-6　铣削窄槽　　　　　图 5-7　调整双角铣刀位置

9）退出工件，开动铣床，调整铣削深度，进行V形槽的铣削，如图5-8所示。

V形槽在铣削时不能一次铣去全部余量，一般可分3次进给，留精铣余量1mm。其铣削深度如图5-9所示，可按下式计算：

$$H = \frac{B - B'}{2} \times \cot\frac{\alpha}{2}$$

式中　H —— 铣削深度，mm；

B —— V形槽宽度，mm；

B' —— 窄槽宽度，mm；

α —— V形槽槽形角，°。

精铣V形槽时，为提高V形槽质量，可适当减小进给量，略提高铣削速度。

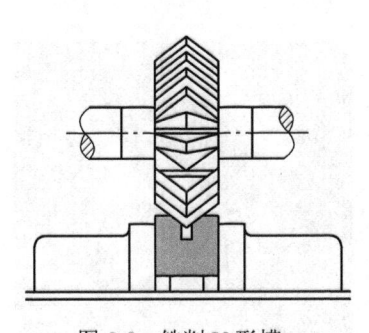

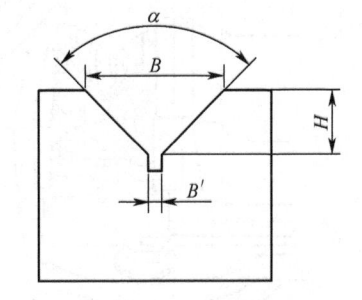

图 5-8　铣削V形槽　　　　　图 5-9　V形槽铣削深度

2．用单角铣刀铣削V形槽

V形槽也可用一把单角铣刀进行铣削，单角铣刀的角度等于V形槽夹角的1/2。其铣削方法和步骤与用双角铣刀铣削V形槽基本相同。只是双角铣刀是一次铣削两个侧面，而单角铣刀是先铣削好一个侧面后将工件转过180°，再铣削另一个侧面，如图5-10所示。用单角铣刀铣削V形槽较为费时，但能获得较好的对称度。

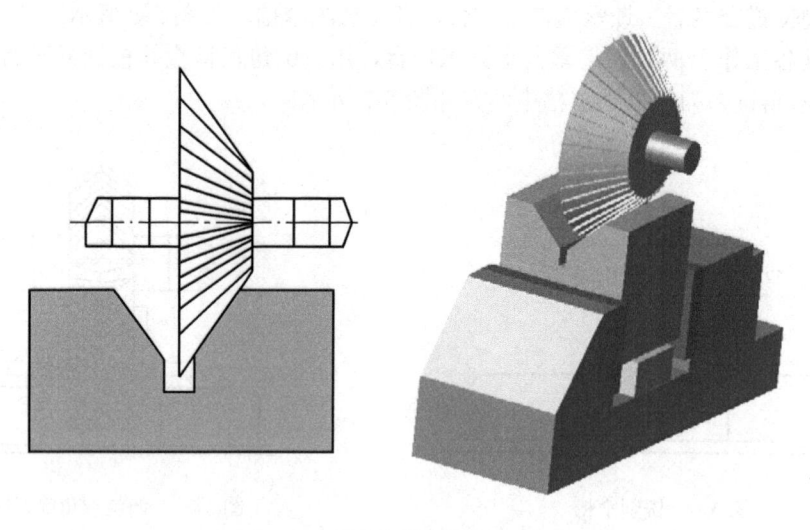

图 5-10　用单角铣刀铣削 V 形槽

3. 用转动立铣头的方法铣削 V 形槽

夹角大于或等于 90°的 V 形槽，可在立式铣床上用立铣刀铣削，如图 5-11 所示。铣削前应先铣出窄槽，然后调转立铣头用立铣刀铣削 V 形槽。铣削完一侧 V 形面后，将工件松开，调转 180°后夹紧，再铣削 V 形槽另一侧面。也可将立铣头反方向调转角度后铣削另一侧面。铣削时，夹具或工件的基准面应与工作台横向进给方向平行。

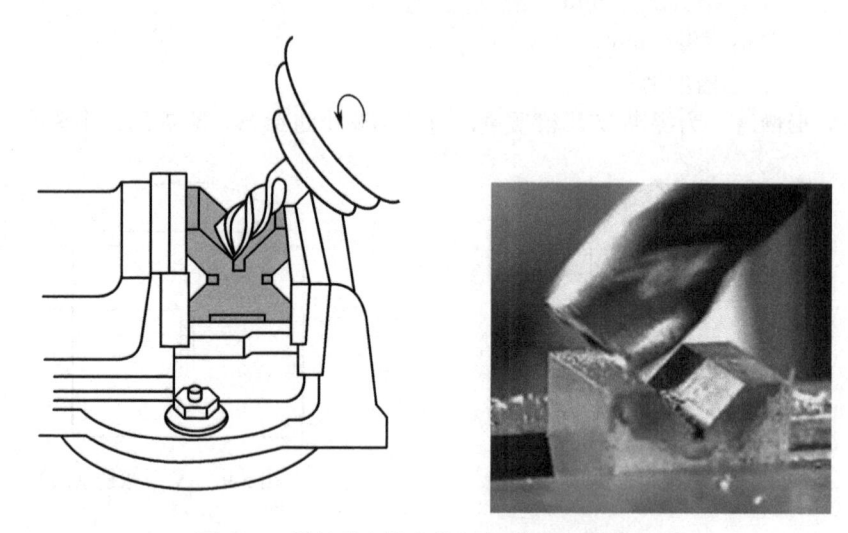

图 5-11　用转动立铣头的方法铣削 V 形槽

4. 用调整工件位置的方法铣削 V 形槽

夹角大于 90°且加工精度要求较高的 V 形槽，可按划线校正 V 形槽的一个侧面，使之与工作台台面平行装夹，铣削完一侧面后再重新找正装夹铣削另一侧面，如图 5-12 所示。对于夹角等于 90°且尺寸不大的 V 形槽，可一次装夹铣削完成。

(a) 划线校正 V 形槽侧面　　　　　　　　　(b) 铣削 V 形槽一个侧面

图 5-12　用调整工件位置的方法铣削 V 形槽

二、V 形槽的检测

1．V 形槽宽度的检测

V 形槽宽度可用钢直尺或游标卡尺直接检测，如图 5-13 所示。

2．V 形槽角度的检测

（1）用样板检测

V 形槽角度可通过样板测量。测量时，将样板置于 V 形槽内，通过观察工件与样板间的缝隙来判断 V 形槽槽角 α 是否合格，如图 5-14 所示。

图 5-13　用游标卡尺检测 V 形槽宽度 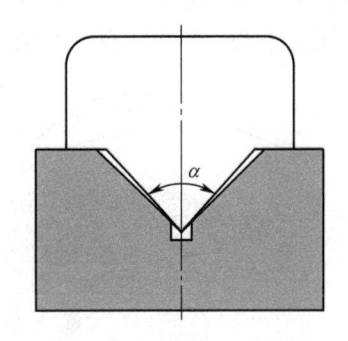　　　　图 5-14　用样板检测 V 形槽槽角

（2）用万能角度尺检测

V 形槽角度还可用万能角度尺进行检测，如图 5-15 所示。检测时，分别测出角度 A 和 B，经计算间接测出 V 形槽的半槽角 $\alpha/2$。

（3）用标准量棒间接检测 V 形槽角度

对于精度较高的 V 形槽，可用量棒进行间接测量。测量时，先后用两根不同直径的标准量棒进行测量，分别测得尺寸 H 和 h，如图 5-16 所示，然后根据下式计算出 α 的实际值。

$$\sin\frac{\alpha}{2}=\frac{R-r}{(H-r)-(h-r)}$$

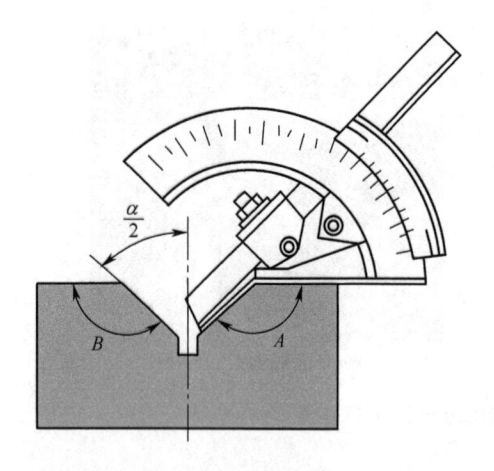

图 5-15　用万能角度尺检测 V 形槽角度 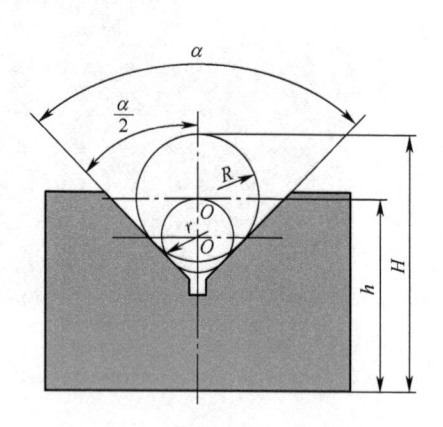　　　图 5-16　用量棒检测 V 形槽角度

式中　R——较大标准量棒的半径，mm；
　　　r——较小标准量棒的半径，mm；
　　　H——较大标准量棒上素线至 V 形架底面的距离，mm；
　　　h——较小标准量棒上素线至 V 形架底面的距离，mm。

3．V 形槽对称度的检测

测量时应以工件的两个侧面为基准，在 V 形槽内放入标准圆棒，以 V 形架一侧面为基准放在平板上，用百分表测出圆棒的最高点，然后将工件翻转 180°，再检测，如图 5-17 所示。若两次测量的读数值相同，则 V 形槽的中心平面与 V 形架的中心平面重合，即两 V 形面对称于工件中心。两次测量读数值之差就是对称度误差。

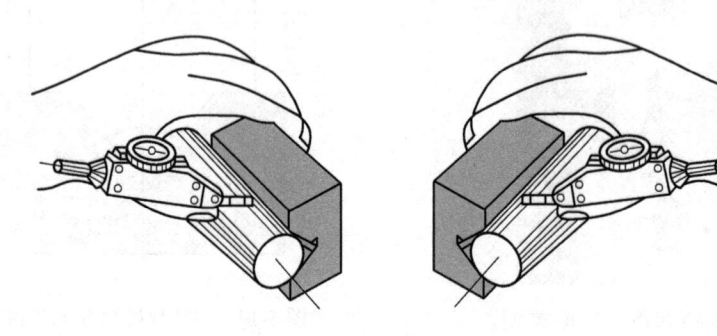

图 5-17　V 形槽对称度的检测

三、活动实施

1．V 形槽铣削图样

V 形槽铣削图样如图 5-18 所示。

项目五　特形沟槽的铣削

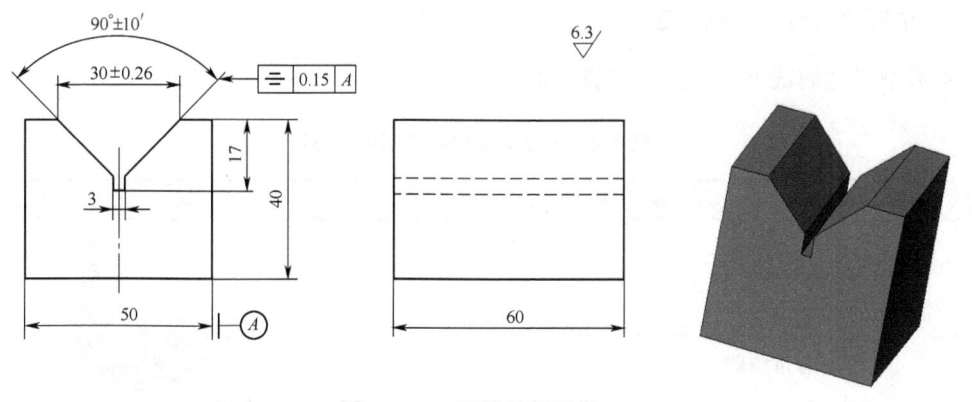

图 5-18　V 形槽铣削图样

2．V 形槽铣削工艺准备

V 形槽铣削工艺准备见表 5-1。

表 5-1　V 形槽铣削工艺准备

内　容	准备说明	图　示
毛坯	工件毛坯为 60mm×50mm×40mm，材料为 45#钢	
铣刀的选择	根据要求选用宽度为 3mm、外径为 100mm 的中齿锯片铣刀和角度为 90°、宽度为 32mm、外径为 100mm 的对称双角铣刀	
设备的选用	准备好 X6132 型卧式铣床	
铣削用量的选择	选择进给量 f=37.5mm/min；主轴转速 n=60rpm；V 形槽深度分三次粗铣完成，留精铣余量 1mm，粗铣背吃刀量分别为 6mm、4mm、2.5mm	

3. V形槽工件的铣削加工

V形槽工件的铣削加工操作见表 5-2。

表 5-2 V形槽工件的铣削加工操作

步　骤	操作说明	图　解
划线	按图样加工要求，在工件上划出对称的窄槽和 V 形槽加工线	
装夹工件	安装校正平口钳，并装夹工件	
铣削窄槽	调整纵向、横向、垂向工作台手柄，使工件铣削位置处于锯片铣刀下方，开动机床，垂向上升，试铣工件，并检查切痕位置至符合要求	
	调整铣削层深度，锁紧横向工作台，手动进给铣削出窄槽	
铣削 V 形槽	开动铣床，转动各工作台手柄，目测使双角铣刀刀尖处于窄槽中间，将工作台垂向少量上升，使铣刀在窄槽两侧切出刀痕	
	检测 V 形槽对称度，并根据情况调整横向工作台位置至符合要求。调整铣削层深度，进行 V 形槽铣削	

四、质量分析与注意事项

1. 槽宽不一致

（1）产生原因
1) 工件上平面与工作台台面不平行。
2) 工件装夹不牢固，铣削时产生位移。

（2）解决措施
1) 工件装夹后，一定要校正其上平面与工作台台面的平行度。
2) 认真装夹工件，并使铣削力朝向固定钳口。

2. 对称度超差

（1）产生原因
1) 对刀不准确。
2) 测量有误差。

（2）解决措施
1) 先在工件上划出加工线，并进行试铣试测。
2) 使用精度较好的量具进行检测，并注意测量方法。

3. V形槽角度不准确或不对称

（1）产生原因
1) 刀具角度不准确。
2) 工件上表面未校正。

（2）解决措施
1) 选用合格的铣刀，安装前还应检测铣刀角度、圆跳动等。
2) 用百分表校正工件上平面与工作台台面的平行度。

4. V形槽与工件两侧面不平行

（1）产生原因
1) 固定钳口与纵向进给方向不平行（或不垂直）。
2) 工件装夹时有毛刺或脏物。

（2）解决措施
1) 平口钳安装在工件台台面上后应进行校正，必须使固定钳口与工作台纵向进给方向平行（或垂直）。
2) 擦净工件、固定钳口和钳体导轨。

5. 注意事项

1) 所垫平行垫铁的厚度不能太高，以防止铣削时工件被拉出钳口。
2) 安装铣刀前应擦净铣刀孔径端面和铣刀杆垫圈端面。
3) 铣刀安装后应检测其端面圆跳动，应控制在 0.05mm 以内。

4）工件在第 1、2 次粗铣后，应及时用游标卡尺或钢直尺测量 V 形槽的实际对称度。

5）V 形槽在粗铣完成后，应取下工件，在平板上测量对称度，然后再装夹校正进行精铣。

6）精铣时，应减小进给量，提高铣削速度，以提高 V 形槽加工质量。

活动二　T 形槽的铣削

技能活动目标

1. 掌握 T 形槽的铣削方法。
2. 正确选用铣 T 形槽用铣刀。
3. 能分析 T 形槽铣削的质量问题。

技能活动内容

一、T 形槽的技术要求

T 形槽主要用于机床工作台或夹具上，作为定位槽或用来安装 T 形螺栓以夹紧工件，如图 5-19 所示。

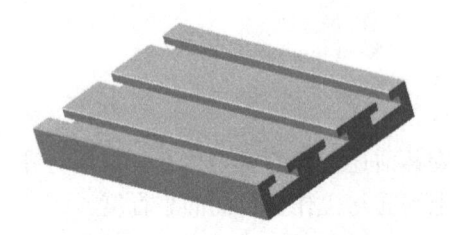

图 5-19　铣床工作台 T 形槽

T 形槽加工时的技术要求如下：
1）T 形槽直槽宽度的尺寸精度，基准槽为 IT18 级，固定槽为 IT12 级。
2）基准槽的直槽两侧面应平行（或垂直）于工件的基准面。
3）底槽的两侧面应基本对称于直槽的中心平面。
4）直槽两侧面的表面粗糙度 R_a，基准槽应不大于 2.5μm，固定槽应不大于 6.3μm。

二、T 形槽的铣削方法

1. 铣刀的选择

T 形槽有两端穿通和不穿通两种形式。但其基本结构形式一致，都由直角槽和底槽组成，只是不穿通 T 形槽在铣削前应先钻出落刀孔，落刀孔的直径应大于 T 形槽铣刀切削部分的直径，如图 5-20 所示。

铣削 T 形槽时可选择三面刃铣刀和立铣刀铣削直槽，底槽则选择 T 形铣刀铣削，其基本尺寸应按 T 形槽的基本尺寸选择，即颈部直径 D 应略小于直槽尺寸 B，铣刀厚度 H' 和宽度 B'' 应小于或等于底槽高度 H 和宽度 B'，如图 5-21 所示。

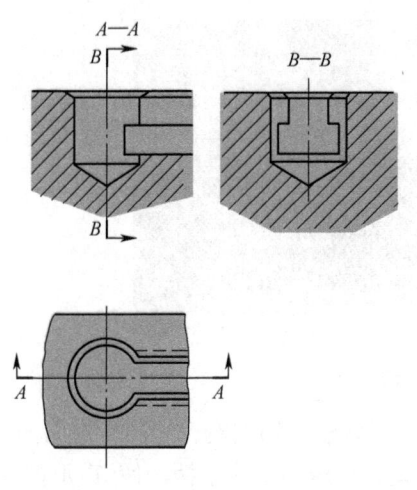

图 5-20　不穿通 T 形槽落刀孔

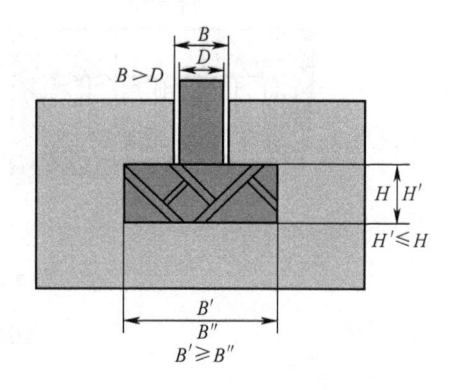

图 5-21　T 形槽铣刀尺寸的选择

2．两端穿通 T 形槽的铣削

两端穿通 T 形槽的铣削分三个步骤完成。

（1）铣削直角槽

直角槽的铣削用三面刃铣刀或立铣刀完成，槽深留 1mm 的铣削余量，如图 5-22 所示。

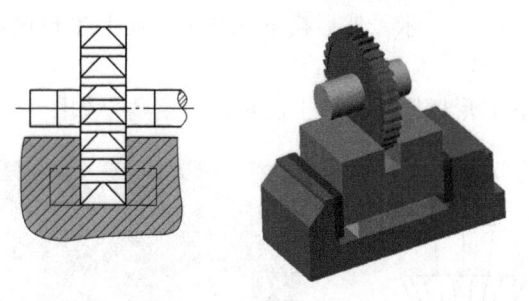

（a）用三面刃铣刀铣削直角槽

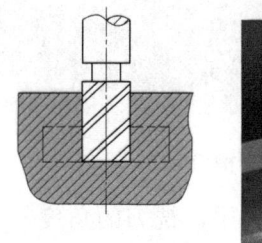

（b）用立铣刀铣削直角槽

图 5-22　铣削直角槽

（2）铣削底槽

卸下三面刃铣刀或立铣刀，安装 T 形槽铣刀，对刀，调整好铣削层深度，选用合理的铣削用量，铣削 T 形槽，如图 5-23 所示。铣削时先用手动进给，待铣刀有一半以上进入工件后再改用机动进给，同时要加注切削液。

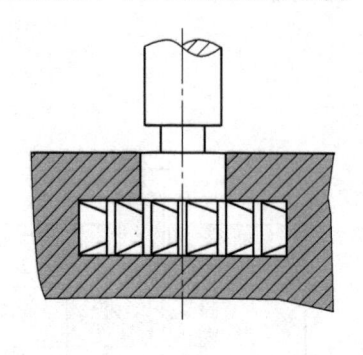

图 5-23　铣削 T 形槽

铣削 T 形槽时对刀方法有切痕对刀和圆棒对刀两种。

1）切痕对刀。调整机床各工作手柄，使 T 形槽铣刀端面与底槽面平齐，开动机床，使铣刀在直沟槽两侧各切出一个切痕，停机检测，如果两侧切痕相同，即铣刀的位置已对准了。

2）圆棒对刀。将直径等于直角槽宽度的一根圆棒装夹在铣刀夹头内，转动主轴，圆棒能顺利进入沟槽内而不与槽两侧面相摩擦，主轴即与直角槽已对准，如图 5-24 所示。然后换下立铣头，换上 T 形槽铣刀便可铣削。

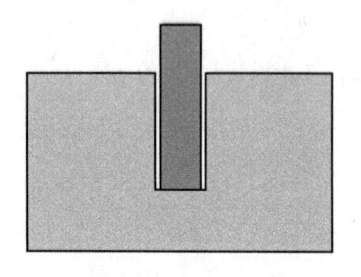

图 5-24　圆棒对刀

（3）槽口倒角

底槽铣削好后，拆下 T 形槽铣刀，装上倒角铣刀倒角，如图 5-25 所示。

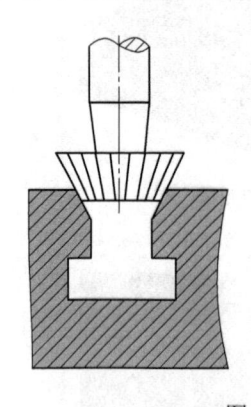

图 5-25　槽口倒角

倒角时，铣刀的外径应根据直角宽度选用，铣刀的角度与图样标示的倒角角度应一致。其次，槽底铣削好后，看一看横向工作台是否移动，如果没有，则不需要对刀。再次选用合适的铣削用量，根据图样标示的倒角大小，调整好铣削深度，开动机床一次进给完成。

3．不穿通 T 形槽的铣削

不穿通 T 形槽如图 5-26 所示。铣削操作方法如下：

1）钻落刀孔。根据不穿通 T 形槽的基本尺寸，选择合适的麻花钻钻落刀孔，如图 5-27 所示。

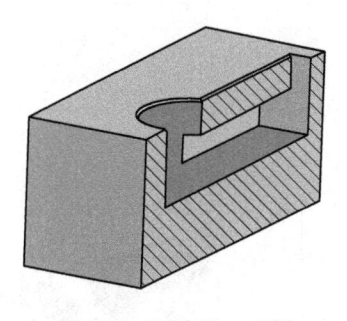

图 5-26　不穿通 T 形槽

图 5-27　钻落刀孔

2）铣削直角槽。选择合适的立铣刀，在两落刀孔间铣削出直角槽，如图 5-28 所示。

3）铣削 T 形槽底。选择合适的 T 形槽铣刀，在落刀孔处落刀，铣削出 T 形槽底，如图 5-29 所示。

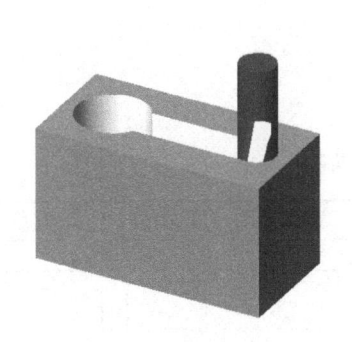

图 5-28　铣削直角槽

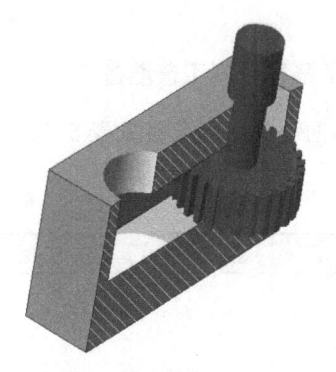

图 5-29　铣削 T 形槽底

4）槽口倒角。拆下 T 形槽铣刀，装上倒角铣刀倒角，如图 5-30 所示。

三、T 形槽的检测

T 形槽检测较为简单，要求不高的 T 形槽用游标卡尺可以测量全部项目，如图 5-31 所示。要求较高的基准槽用内测千分尺或塞规检测。

图 5-30　槽口倒角

图 5-31　T 形槽的检测

四、活动实施

1. T形槽铣削图样

T形槽铣削图样如图5-32所示。

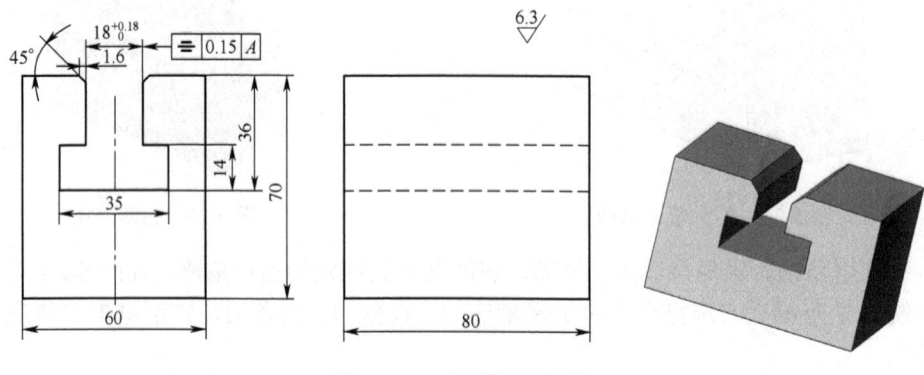

图5-32 T形槽铣削图样

2. T形槽铣削工艺准备

T形槽铣削工艺准备见表5-3。

表5-3 T形槽铣削工艺准备

内 容	准 备 说 明	图 示
毛坯	工件毛坯为60mm×50mm×40mm,材料为45#钢	
铣刀的选择	根据要求选用直径为18mm的立铣刀,直径为32mm、宽度为14mm的T形槽铣刀,直径为25mm、角度为45°的反燕尾槽铣刀	
设备的选用	立铣	

续表

内　容	准 备 说 明	图　示
铣削用量的选择	铣直角槽：n=250rpm；进给量 f=30mm/min，直角槽分两次铣削完成，a_{p1}=11mm，a_{p2}=7mm 铣削 T 形槽：n=1180rpm，进给量 f=23.5mm/min 倒角：n=235rpm，f=47.5mm/min	

3．T形槽工件的铣削加工

T形槽工件的铣削加工操作见表 5-4。

表 5-4　T形槽工件的铣削加工操作

步　骤	操 作 说 明	图　解
装夹工件	安装并校正平口钳，装夹工件	
铣削直角槽	安装立铣刀，调整好铣削用量，对刀，将铣刀调整到正确的铣削位置，紧固横向工作台位置，铣削出直角槽	
铣削 T 形槽	卸下立铣刀，安装 T 形槽铣刀，对刀，调整好铣削层深度和铣削用量，铣削出 T 形槽	
槽口倒角	底槽铣削好后，拆下 T 形槽铣刀，装上反燕尾槽铣刀倒角	

五、T形槽铣削的质量分析和注意事项

1. 直角槽的宽度超差

（1）产生原因
1）对刀不准。
2）横向工作台未紧固，铣削时产生位移。
（2）解决措施
1）采用切痕或圆棒对刀。
2）锁紧横向工作台，并注意观察铣削过程，发现问题立即处理。

2. T形槽底槽与基面不平行

（1）产生原因
1）工件装夹未找正。
2）铣刀未夹紧，铣削时被铣削力拉下。
（2）解决措施
1）工件装夹后，一定要校正其上平面与工作台台面的平行度。
2）锁紧铣刀，注意观察。

3. 注意事项

1）T形槽在铣削时排屑相当困难，因此要经常清除切屑，以防切屑塞满容屑槽，使铣刀失去切削能力而折断。
2）T形槽铣刀颈部直径较小，铣削时要注意防止铣刀因受过大铣削抗力和突然的冲击力作用而折断。
3）T形槽铣刀的铣削条件差，因此要选用较小的进给量和较低的切削速度，但铣削速度也不能太低，否则会降低铣刀的切削性能。
4）T形槽铣刀铣削时，切削热因排屑不畅而不易散发，容易使铣刀受热退火而失去切削能力，因此在铣削钢件时应充分浇注切削液。

活动三　燕尾槽的铣削

技能活动目标

1. 掌握燕尾槽的铣削方法。
2. 正确选择铣燕尾槽用铣刀。
3. 了解燕尾槽的测量与计算。
4. 能分析燕尾槽的铣削质量问题。

技能活动内容

一、燕尾槽的工艺要求

燕尾槽多用于机床导轨或其他导向零件,其槽角一般为 55°或 60°。在生产应用中,燕尾槽的工艺要求非常严格。

1) 燕尾槽常与燕尾块配合使用,如图 5-33 所示。

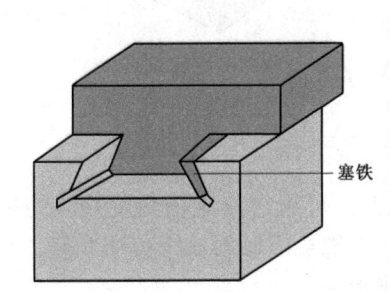

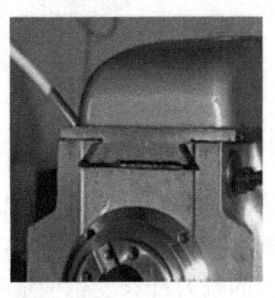

图 5-33 燕尾槽与燕尾块

2) 用于导轨配合时,燕尾槽带有 1∶50 的斜度,以便安放塞铁。
3) 燕尾槽的角度要求很高,以保证燕尾槽和燕尾块密切配合。
4) 燕尾槽的深度、宽度等尺寸和位置精度要求也较高,通常在铣削完成后还要进行磨削、刮削等精密加工。
5) 组成燕尾槽的各表面质量精度要求较高,一般 R_a 值为 0.8~0.4μm。
6) 组成燕尾槽的各表面的硬度也有很高的要求。

二、燕尾槽的铣削方法

1. 铣刀的选择

燕尾槽铣刀切削部分的形状与单角铣刀相似,应根据燕尾槽的角度选择相同角度的铣刀,且铣刀的锥面宽度应大于燕尾槽斜面的宽度。

2. 用燕尾槽铣刀铣削燕尾槽和燕尾块

燕尾槽的铣削分两个步骤完成。

1) 铣削直角槽。先在立式铣床上用立铣刀或端铣刀铣削直角槽和台阶,如图 5-34 所示。

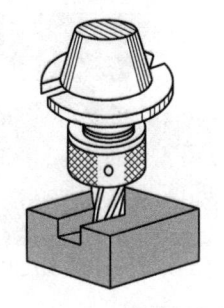

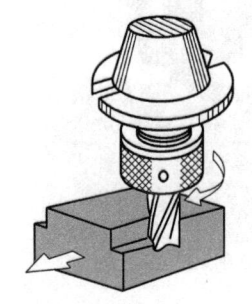

图 5-34 铣削直角槽和台阶

2）直角槽铣削完成后，卸下立铣刀，换装燕尾槽铣刀，铣削燕尾槽，如图 5-35 所示。

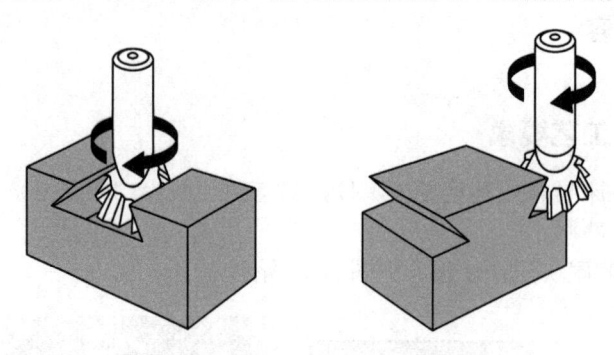

图 5-35　用燕尾槽铣刀铣削燕尾槽

3. 用单角铣刀铣削燕尾槽和燕尾块

单件生产时，若没有合适的燕尾槽铣刀，可用与燕尾槽角度相等的单角铣刀来铣削燕尾槽和燕尾块，如图 5-36 所示。铣削时，立铣头应倾斜一个燕尾角度。另外，因铣刀偏转角度较大，安装铣刀的铣刀杆长度也应适当增加。

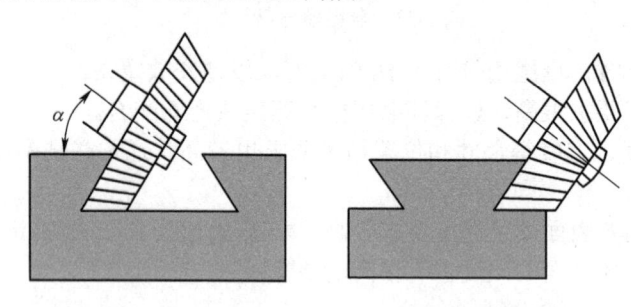

图 5-36　用单角铣刀铣削燕尾槽和燕尾块

4. 带斜度燕尾槽的铣削

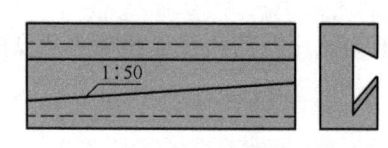

带斜度燕尾槽如图 5-37 所示。铣削时，在铣削完直角槽后，先用燕尾槽铣刀铣削无斜度的一侧，铣好再将工件按规定斜度调整到与进给方向成一斜角，然后铣削带斜度的一侧，如图 5-38 所示。

图 5-37　带斜度燕尾槽

（a）铣削无斜度的一侧　　　　（b）铣削带斜度的一侧

图 5-38　带斜度燕尾槽的铣削

三、燕尾槽和燕尾块的检测

1. 角度的检测

如图 5-39 所示，燕尾槽或燕尾块的角度可用万能角度尺检测。

2. 槽深的检测

燕尾槽的深度可用深度游标卡尺或深度千分尺来检测，如图 5-40 所示。

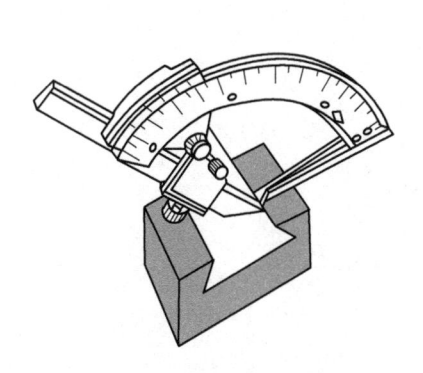

图 5-39　燕尾槽槽角的检测

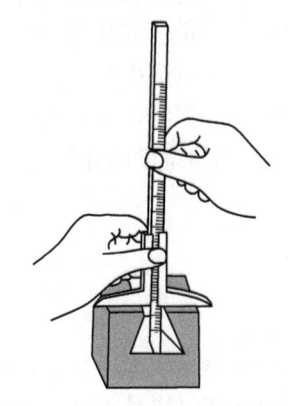

图 5-40　燕尾槽深度的检测

3. 宽度的检测

燕尾槽和燕尾块的宽度须用两个标准量棒和千分尺间接测量，如图 5-41 所示。

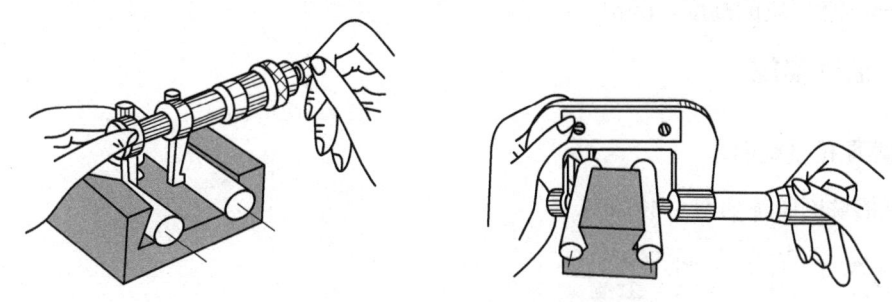

图 5-41　燕尾槽和燕尾块宽度的检测

测量出两量棒之间的距离 M（或 M_1）后，可计算出燕尾槽的宽度 A 和燕尾块的宽度 a，如图 5-42 所示。

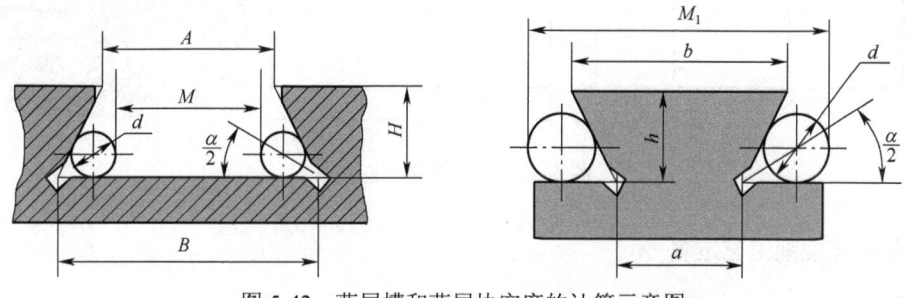

图 5-42　燕尾槽和燕尾块宽度的计算示意图

（1）燕尾槽宽度的计算

$$A = M + d\left(1 + \cot\frac{\alpha}{2}\right) - 2H\cot\alpha$$

$$B = M + d\left(1 + \cot\frac{\alpha}{2}\right)$$

式中　A——燕尾槽最小宽度，mm；
　　　B——燕尾槽最大宽度，mm；
　　　M——两标准量棒内侧距离，mm；
　　　d——标准量棒直径，mm；
　　　α——燕尾槽槽角，°；
　　　H——燕尾槽槽深，mm。

（2）燕尾块宽度的计算

$$a = M_1 - d\left(1 + \cot\frac{\alpha}{2}\right)$$

$$b = M_1 + 2h\cot\alpha - d\left(1 + \cot\frac{\alpha}{2}\right)$$

式中　a——燕尾块最小宽度，mm；
　　　b——燕尾块最大宽度，mm；
　　　M_1——两标准量棒外侧距离，mm；
　　　d——标准量棒直径，mm；
　　　α——燕尾块的角度，°；
　　　h——燕尾块的高度，mm。

四、活动实施

1. 燕尾槽铣削图样

燕尾槽铣削图样如图 5-43 所示。

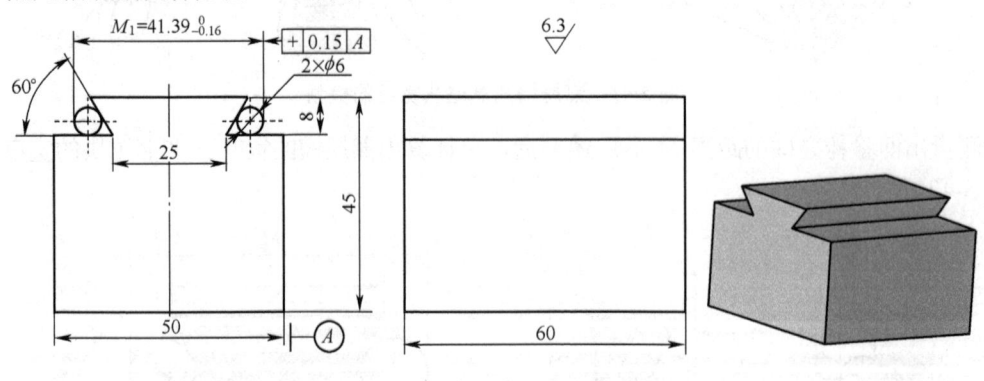

图 5-43　燕尾槽铣削图样

2. 燕尾槽铣削工艺准备

燕尾槽铣削工艺准备见表 5-5。

表 5-5 燕尾槽铣削工艺准备

内　容	准 备 说 明	图　　示
毛坯	工件毛坯为 60mm×50mm×45mm，材料为 45# 钢	
铣刀的选择	根据要求选用外径为 20mm 的立铣刀和角度为 60°的直柄燕尾槽铣刀	
设备的选用	准备好立铣	
铣削用量的选择	选择进给量 f=37.5mm/min；主轴转速 n=250rpm；燕尾槽台阶分三次铣削完成（3mm、3mm 和 1.8mm），留 0.2mm 精铣余量	

3．燕尾槽工件的铣削加工

燕尾槽工件的铣削加工操作见表 5-6。

表 5-6 燕尾槽工件的铣削加工操作

步　骤	操 作 说 明	图　解
装夹工件	安装并校正平口钳，装夹工件	
铣削台阶	安装立铣刀，开动铣床，摇动工作台各手柄对刀，铣削出一侧台阶（7.88mm×8mm）	

续表

步骤	操作说明	图解
铣削台阶	将铣刀移至另一侧面，按上述方法粗、精铣另一侧台阶	
铣削燕尾槽	换装燕尾槽铣刀，将铣刀调整到台阶一侧，开动铣床，使铣刀端面齿刃擦到台阶底面，然后调整横向工作台位置，使齿尖角与台阶侧面接触。刀尖与侧面接触后，在垂向、横向刻度盘上做好记号，粗、精铣一侧面	
	将铣刀移至另一侧面，采用上述方法对刀后进行粗、精铣，并用千分尺测量燕尾块 M_1 值	

五、质量分析与注意事项

1. 燕尾槽两端槽宽不一致

（1）产生原因

1）工件上平面未找正。

2）用换面法铣削时，工件两面平行度较差。

（2）解决措施

1）工件装夹后，一定要校正其上平面与工作台台面的平行度。

2）燕尾槽侧面铣削完成后，应及时检测，如图5-44所示，并根据情况及时调整位置。

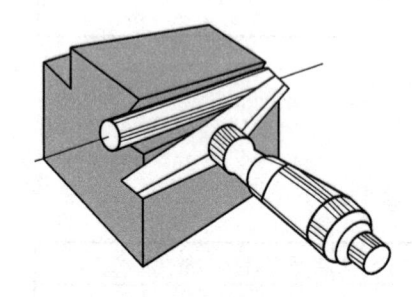

图5-44 燕尾槽宽度的预检

2. 燕尾槽宽度超差

（1）产生原因

1）测量时产生误差或出错。

2）移动横向工作台时摇错刻度盘及未消除丝杠传动间隙。

3）铣刀角度不符合图样要求。

（2）解决措施

1）注意测量方法，认真测量。

2）在刻度盘上做记号，摇过刻度后不能直接退回到所需的刻度处，应将手柄退回一转后再重新摇至所需数值。

3）根据图样要求选用合适的铣刀，安装后检查铣刀圆跳动误差。

活动四　半圆键槽的铣削

技能活动目标

1. 掌握半圆键槽的铣削方法。
2. 正确选用铣削半圆键槽用铣刀。
3. 掌握半圆键槽的检测方法。
4. 能分析半圆键槽铣削的质量问题。

技能活动内容

一、半圆键槽的技术要求与特点

半圆键连接如图 5-45 所示，它是利用键侧面实现周向固定和传递转矩的一种键连接。

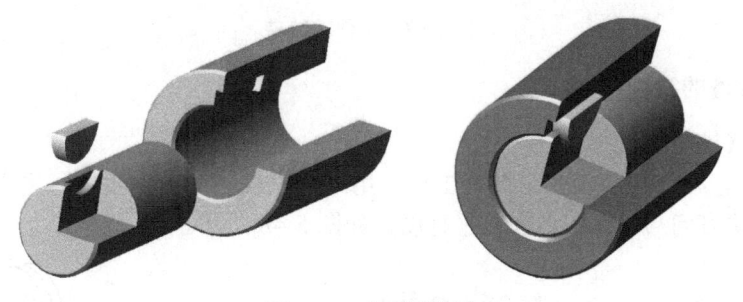

图 5-45　半圆键连接

1. 特点

1）结构简单，制造方便。
2）装拆维修方便。
3）只能传递较小的转矩。

2. 技术要求

1）半圆键槽的槽宽精度为 IT9 级，键槽侧面的表面粗糙度 R_a 值为 1.6μm。
2）半圆键槽的两侧面平行且对称于工件轴线，如图 5-46 所示。

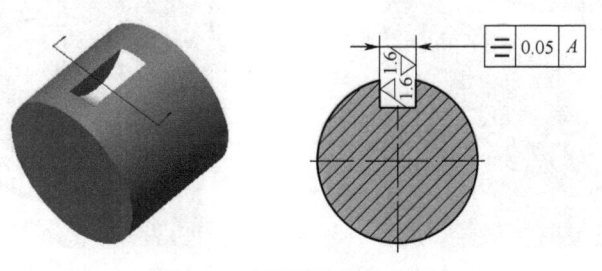

图 5-46　半圆键槽的技术要求

二、半圆键槽的铣削方法

1. 铣刀的选择

半圆键槽用半圆键槽铣刀铣削。铣刀按半圆键槽的基本尺寸（宽度×直径）选取。

2. 工件的装夹

在轴类工件上铣削半圆键槽，一般在分度头上用三爪自定心卡盘装夹，如图 5-47（a）所示；较长的工件则采用一夹一顶方式装夹，如图 5-47（b）所示。

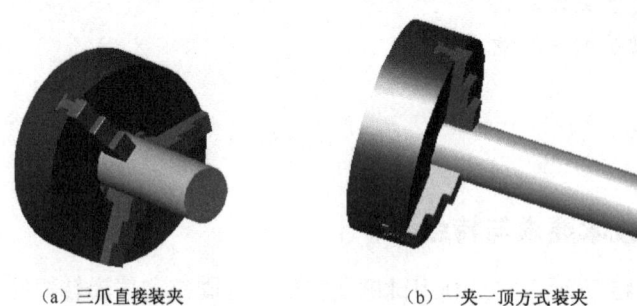

(a) 三爪直接装夹　　　　(b) 一夹一顶方式装夹

图 5-47　工件的装夹

3. 半圆键槽的铣削

（1）在立式铣床上铣削

1）铣削前，在卡盘与顶尖上装夹工件，用百分表校正分度头主轴与尾座顶尖的轴心线和工件纵向进给方向与工作台台面的平行度，如图 5-48 所示。

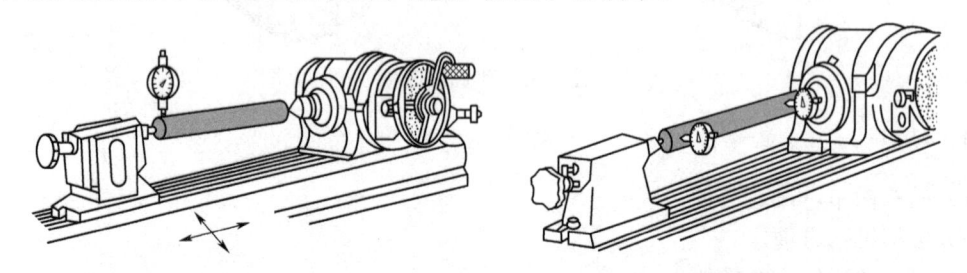

图 5-48　用百分表校正平行位置

2）用高度尺在工件上划出键槽中心线和槽宽线，如图 5-49 所示。

3）调整各进给手柄，使铣刀对准划线，如图 5-50 所示。

图 5-49　划线 　　　　图 5-50　对刀

4）锁紧纵向工作台，手动横向进给切深，铣削出键槽，如图 5-51 所示。

（2）在卧式铣床上铣削半圆键槽

在卧式铣床上铣削半圆键槽的加工方法与在立式铣床上加工的方法相同。铣削时可在挂架轴承孔内安装顶尖，顶住铣刀端面顶尖孔，以增加铣刀的刚性。铣削时，将纵向工作台紧固，手动垂直进给切深，如图 5-52 所示。

图 5-51　铣削半圆键槽

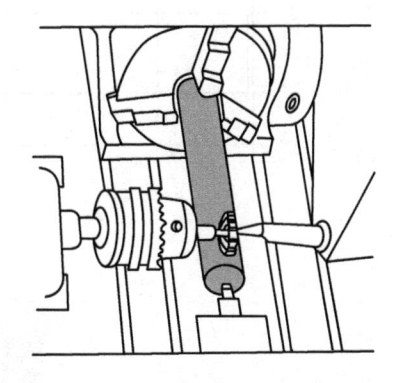

图 5-52　在卧式铣床上铣削半圆键槽

三、半圆键槽的检测

半圆键槽的宽度可用塞规或塞块测量，如图 5-53 所示。槽的深度可用小于槽宽的样柱，配合游标卡尺或千分尺间接测出，如图 5-54 所示，图中尺寸 $H=S-d$。其他项目的检测方法和一般键槽相同。

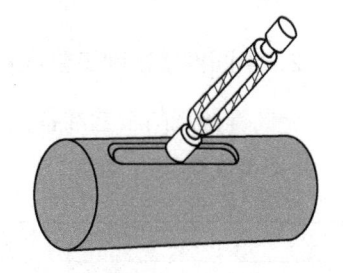

图 5-53　槽宽的检测

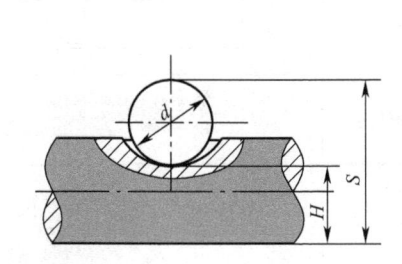

图 5-54　槽深的检测

四、活动实施

1. 半圆键槽铣削图样

半圆键槽铣削图样如图 5-55 所示。

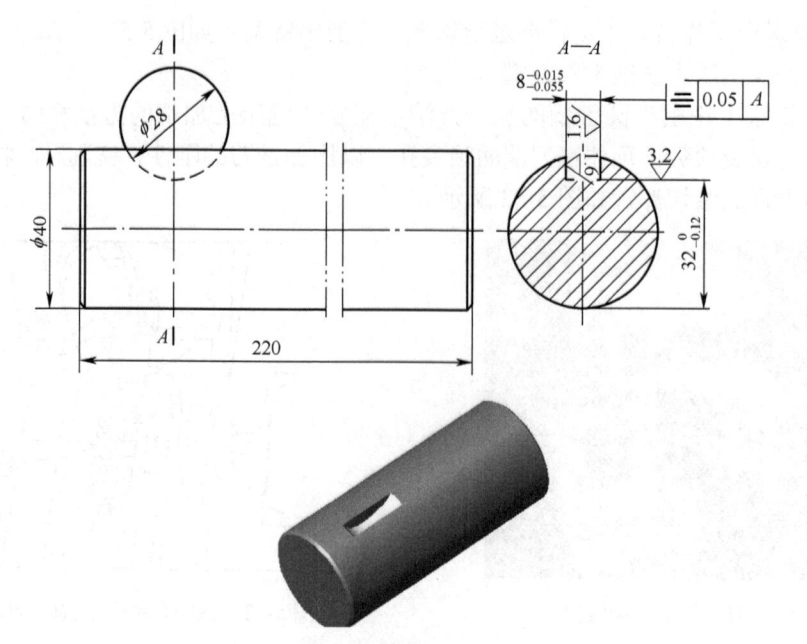

图 5-55 半圆键槽铣削图样

2. 半圆键槽铣削工艺准备

半圆键槽铣削工艺准备见表 5-7。

表 5-7 半圆键槽铣削工艺准备

内　容	准备说明	图　示
毛坯	工件毛坯为 ϕ40mm×220mm，材料为 45# 钢	
铣刀的选择	根据要求选用 ϕ28mm×8mm 的半圆键槽铣刀	
设备的选用	准备好立铣	
铣削用量的选择	主轴转速 n=375rpm，采用手动进给完成半圆键槽铣削	

3. 半圆键槽工件的铣削加工

半圆键槽工件的铣削加工操作见表 5-8。

表 5-8 半圆键槽工件的铣削加工操作

步　骤	操作说明	图　解
装夹工件	安装分度头，采用一夹一顶方式装夹工件	
划线	按要求在槽铣削部位划出半圆键槽加工线	
对刀试铣	摇动各工作台手柄，使铣刀对准所划刻线，试铣削，并进行检查。根据情况进行调整，直至合格	
铣削半圆键槽	试铣检查合格后，采用手动进给铣削出半圆键槽	

五、半圆键槽铣削的质量分析和注意事项

1. 槽两侧面相对于工件轴心线不对称

（1）产生原因
1）划线不精确。
2）对刀不准确。
3）在立铣上加工时，立铣头主轴轴心线与工作台台面不垂直。
4）分度头主轴轴心线与工作台台面不平行。
5）在卧铣上铣削时，工作台零位不准。
（2）解决措施
1）正确调整高度尺刻线值，认真划线。
2）认真对刀，并采用试件进行试铣，以确保对刀准确。

3）校正立铣头。
4）检查分度头主轴轴心线与工作台台面是否平行。
5）校正工作台零位，随时注意铣削的情况。

2. 槽宽尺寸超差

（1）产生原因
1）铣刀尺寸不合格。
2）铣刀摆动过大。
（2）解决措施
1）根据半圆键槽的宽度和直径选取合适的铣刀。
2）安装铣刀后检测铣刀圆跳动。

3. 注意事项

1）铣削时，多采用手动进给。
2）进给速度不能过快，以防铣刀折断或损坏刀齿。
3）用三爪卡盘装夹工件时，要防止工件在铣削中产生蹿动而使铣刀折断。
4）分度头主轴紧固手柄应锁紧。
5）铣削时不使用的进给机构要锁紧。

项目六 万能分度头及其使用方法

机械分度头如图 6-1 所示，它是铣床的重要精密附件之一。分度头可把夹持在顶间或卡盘上的工件转动任意角度，可对工件进行圆周分度，因此应用非常广泛。

图 6-1 机械分度头

活动一 认识万能分度头

技能活动目标

1. 了解万能分度头和各手柄的作用。
2. 了解万能分度头的结构和传动系统。
3. 掌握万能分度头的维护和保养方法。

技能活动内容

机械分度头按是否有差动性挂轮装置分为万能型（FW 型）和半万能型（FB 型）两种，铣床上使用的主要是万能分度头。

一、万能分度头的型号、规格和功用

1. 型号

万能分度头的型号由大写的汉语拼音字母和数字两部分组成，如：

$$\underset{\text{分度头}}{\text{F}}\ \underset{\text{万能型}}{\text{W}}\ \underset{\text{夹持工件最大直径为250mm}}{250}$$

2. 规格

按夹持工件最大直径，万能分度头常用的规格有 160mm、200mm、250mm、320mm 等。其中，FW250 型万能分度头是铣床上常用的一种。

3. 功用

1）能够使工件作任意的圆周等分或直线移动分度。

2）可把工件的轴线放置成水平、垂直或任意角度的倾斜位置。

3）通过交换齿轮，可使分度头主轴随铣床工作台的纵向进给运动连续旋转，实现工件的复合进给运动。

二、万能分度头的结构和传动系统

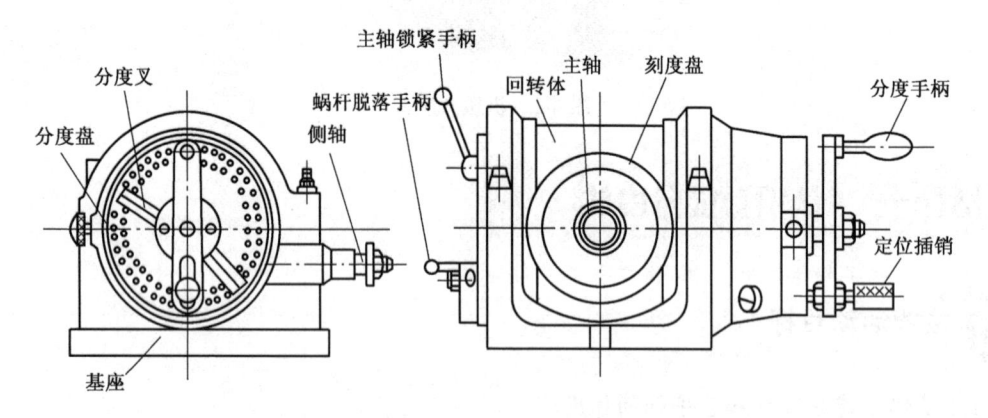

1. 万能分度头的结构

万能分度头的结构如图 6-2 所示。

图 6-2 万能分度头的结构

1）基座是分度头的本体，分度头的大部分零件均装在基座上。基座底面槽内装有两块定位键，可与铣床工作台台面上的中央 T 形槽相配合，以精确定位。

2）分度盘又称孔盘，套装在分度手柄轴上，盘上（正、反面）有若干圈在圆周上均布的定位孔，作为各种分度计算和实施分度的依据。分度盘配合分度手柄完成不是整转数的分度工作。不同型号的分度头配有一块或两块分度盘，FW250 型万能分度头有两块分度盘，如图 6-3 所示。分度盘上孔圈的孔数见表 6-1。

图 6-3 分度盘

表 6-1 分度盘上孔圈的孔数

分度头形式	分度盘孔圈的孔数
带一块分度盘	正面：24、25、28、30、34、37、38、39、41、42、43
	反面：46、47、49、51、53、54、57、58、59、62、66
带两块分度盘	第一块 正面：24、25、28、30、34、37
	第一块 反面：38、39、41、42、43
	第二块 正面：46、47、49、51、53、54
	第二块 反面：57、58、59、62、66

分度盘的左侧有一紧固螺钉，用以在一般工作情况下固定分度盘；松开紧固螺钉，可使分度手柄随分度盘一起进行微量的转动调整，或完成差动分度、螺旋面加工等。

3）分度叉又称扇形股，由两个叉脚组成，其开合角度的大小，按分度手柄所要转过的孔距数予以调整并固定。分度叉的功用是防止分度差错和方便分度。

4）侧轴用于与分度头主轴间安装交换齿轮进行差动分度，或者用于与铣床工作台纵向丝杠间安装交换齿轮进行直线移距分度或铣削螺旋面等。

5）蜗杆脱落手柄用以脱开蜗杆与蜗轮的啮合，按刻度盘直接进行分度。

6）主轴锁紧手柄通常用于在分度后锁紧主轴，使铣削力不致直接作用在分度头的蜗杆和蜗轮上，减小铣削时的振动，保持分度头的分度精度。

7）回转体是用于安装分度头主轴等的壳体形零件，主轴随回转体可沿基座的环形导轨转动，使主轴轴线在以水平为基准的–6°～90°范围内做不同仰角的调整，如图 6-4 所示。调整时，应先松开基座上靠近主轴后端的两个螺母，调整后再予以固紧。

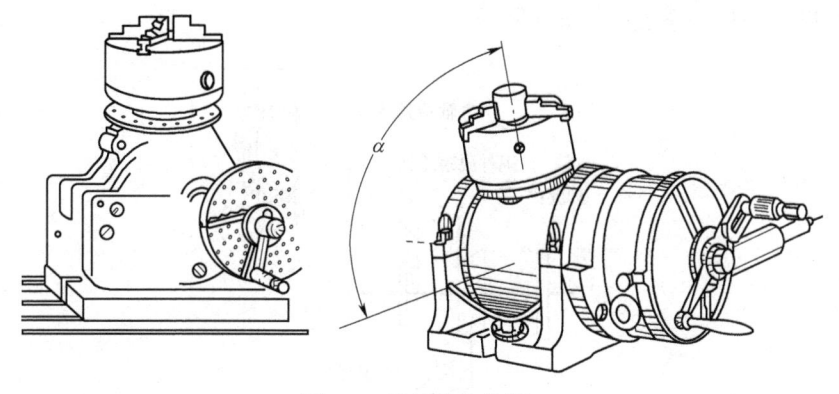

图 6-4 回转体的偏转

8）分度头主轴是一空心轴，FW250 型分度头主轴前后两端均为 Morse NO4 锥孔，前锥孔用来安装顶尖或锥度心轴，如图 6-5（a）所示。后锥孔用来安装挂轮轴，从而安装交换齿轮，如图 6-5（b）所示。主轴前端的外部有一段定位锥体（短圆锥），用来安装三爪自定心卡盘的法兰盘，如图 6-5（c）所示。

9）刻度盘固定在主轴的前端，与主轴一起转动。其圆周上有 0°～360° 的等分刻线，在直接分度时用来确定主轴转过的角度。

10）分度手柄用于分度，摇动分度手柄，主轴按一定传动比回转。

(a)安装顶尖　　　　　　　　　　　　　(b)安装交换齿轮

(c)安装卡盘

图 6-5　主轴的功用

11）定位插销在分度手柄的曲柄的一端，可沿曲柄径向移动，调整到所选孔数的孔圈圆周，与分度叉配合准确分度。

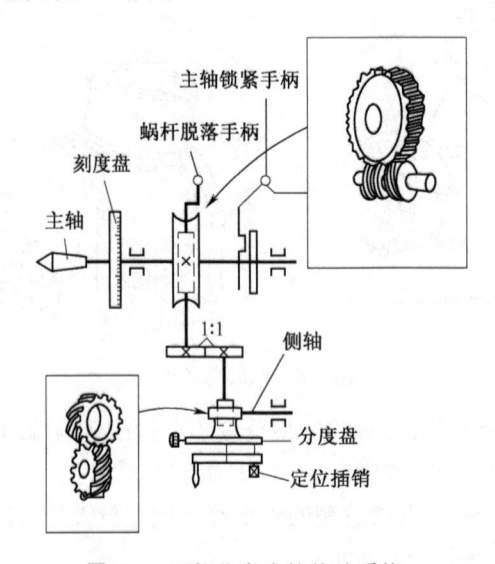

2. 万能分度头的传动系统

万能分度头的传动系统如图 6-6 所示。

图 6-6　万能分度头的传动系统

分度时，从分度盘定位孔中拔出定位插销，转动分度头手柄，手柄轴随着一起转动，通过一对齿数相同的直齿圆柱齿轮，以及传动比为 40:1 的蜗杆蜗轮副，使分度头主轴带动工件实现分度。此外，右侧的侧轴通过一对传动比为1:1的交错轴传动的斜齿圆柱齿轮与手柄轴上的分度盘连接，当侧轴转动时，带动分度盘转动，用以实现差动分度或铣削螺旋面。

三、万能分度头的附件及其功用

1. 尾座

尾座又称尾架，如图6-7所示，它配合分度头使用，装夹带中心孔的工件。转动手轮可使顶尖进退，以便装卸工件，松开紧固螺钉，转动调整螺钉，可使顶尖升降或倾斜角度。定位键使尾座顶尖中心线与分度头主轴中心线保持同轴。

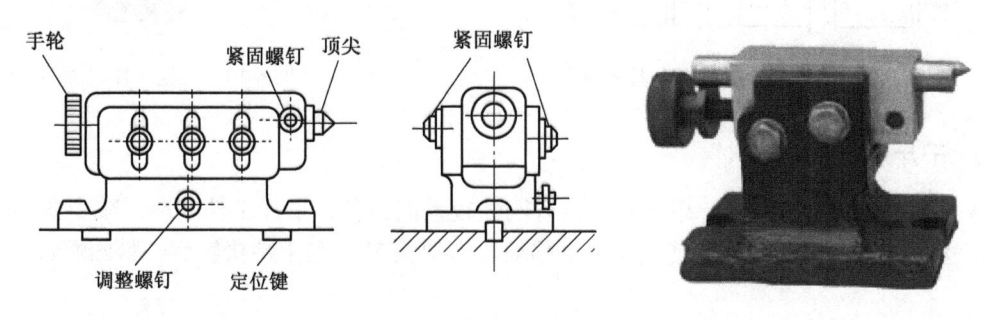

图6-7 尾座

2. 前顶尖、拨盘和鸡心夹

前顶尖、拨盘和鸡心夹如图6-8所示，它们用来安装带中心孔的轴类零件。使用时将前顶尖装在分度头主轴锥孔内，将拨盘装在分度头主轴前端端面上，然后用内六角螺钉紧固。用鸡心夹头将工件夹紧放在分度头与尾座顶尖间，同时鸡心夹头的弯头放入拨盘的开口内，将工件顶紧后，紧固拨盘开口的紧固螺钉，使拨盘与鸡心夹头连接。

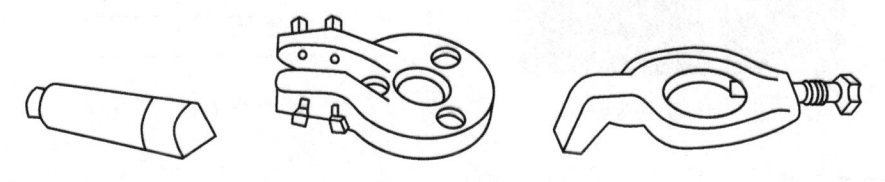

图6-8 前顶尖、拨盘和鸡心夹

3. 挂轮架与挂轮轴

挂轮架与挂轮轴如图6-9所示，用来安装挂轮。挂轮架安装在分度头侧轴上，挂轮轴套用来安装挂轮，它的另一端安装在挂轮架的长槽内，调整好挂轮架后并紧固在挂轮架上。支承板通过螺钉轴安装在分度头基座后方的螺孔上，用来支撑挂轮架。锥度挂轮轴安装在分度头主轴后锥孔内，另一端安装挂轮，如图6-10所示。

4. 交换齿轮

交换齿轮又称挂轮，FW250型万能分度头配有13个交换齿轮，其齿数是5的整倍数，分别为25（两个）、30、35、40、45、50、55、60、70、80、90、100，如图6-11所示。

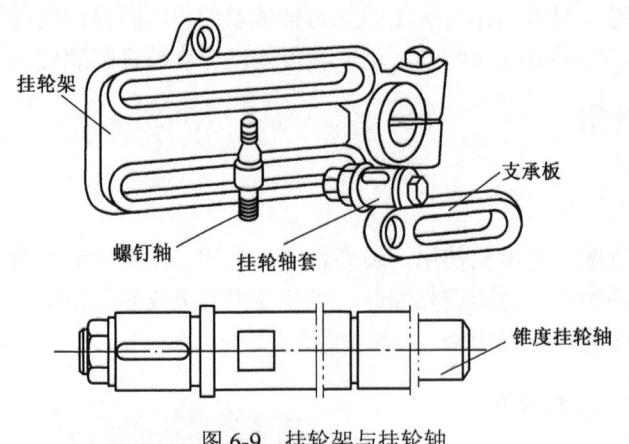

图 6-9　挂轮架与挂轮轴

图 6-10　挂轮在挂架上的安放

5. 千斤顶

千斤顶如图 6-12 所示，用来支承抗弯刚性较差的工件，增加工件刚性，减少变形。使用时，松开螺钉，转动螺母，使顶头上下移动，当顶头 V 形与工件接触后，紧固螺钉。

图 6-11　交换齿轮

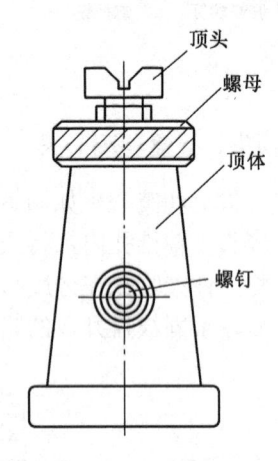

图 6-12　千斤顶

6. 三爪卡盘

三爪卡盘如图 6-13 所示，它通过法兰盘安装在分度头主轴上，用来夹持工件。使用时将方头扳手插入卡盘体的方孔中，转动扳手，通过卡爪可将工件夹紧或松开。

图 6-13　三爪卡盘与法兰盘

四、万能分度头的正确使用和维护保养

万能分度头是铣床上的重要精密附件，正确使用和维护能延长分度头的使用寿命和保持其精度不受影响，因此，使用分度头时应注意以下几点。

1）为保证使用精度，不能随意调整分度头蜗杆和蜗轮的啮合间隙。

2）为保护好主轴和两端锥孔以及基座底面不被损坏，在装卸、搬运分度头时应特别小心。

3）在分度头上夹持工件时，最好先锁紧分度头主轴，紧固工件时，切忌使用接长套管套在扳手上施力。

4）分度前先松开主轴锁紧手柄，分度后紧固分度头主轴。铣削螺旋面时主轴锁紧手柄应松开。

5）分度时，应顺时针转动分度手柄，如手柄摇错孔位，应将分度手柄逆时针转动半转后再顺时针转动到规定孔位。分度定位插销应缓慢插入分度盘的分度孔内，不能将定位插销突然插入孔内，以免损坏定位插销和定位孔眼。

6）为保证主轴的"零位"位置没有变动，调整分度头主轴的仰角时，不应将基座上部靠近主轴前端的两个内六角螺钉松开。

7）使用前应清除分度头表面的脏物，并将主轴锥孔和基座底面擦拭干净，并要经常保持清洁。

8）分度头存放时应涂防锈油，各部分应按说明书规定定期加油润滑。

活动二　用万能分度头及其附件装夹工件

技能活动目标

1. 了解万能分度头及其附件装夹工件的方法。
2. 掌握工件装夹后的校正方法。

技能活动内容

一、工件在分度头上的装夹要求

1. 分度头的安装

在装夹工件前应将分度头安装在铣床工作台台面上，其安装步骤如下：
1）擦净分度头底面与铣床工作台台面，并涂上一层油。
2）将分度头基座上的定位键嵌入铣床工作台台面的T形槽内，并用螺钉紧固。
3）将尾座调整至合适的位置，并用螺钉紧固。

2. 工件的装夹要求

1）用三爪自定心卡盘装夹工件时，其外圆圆跳动和端面圆跳动应在0.05mm以内。

2）用锥度心轴装夹工件时，其轴心线与工作台台面的平行度应在 0.03mm 以内。

3）用两顶尖装夹工件时，顶尖和尾座轴心线与工作台台面的平行度应在 0.03mm 以内。

二、工件的装夹和找正

1. 用三爪自定心卡盘装夹工件

如图 6-14 所示，加工轴类工件时可采用三爪自定心卡盘装夹。装夹后，工件必须进行找正。用百分表找正工件外圆和端面圆跳动，如图 6-15 所示，必要时可在卡爪内垫一层铜皮，在找正端面时，用铜锤轻轻敲击高点，使端面圆跳动符合要求。

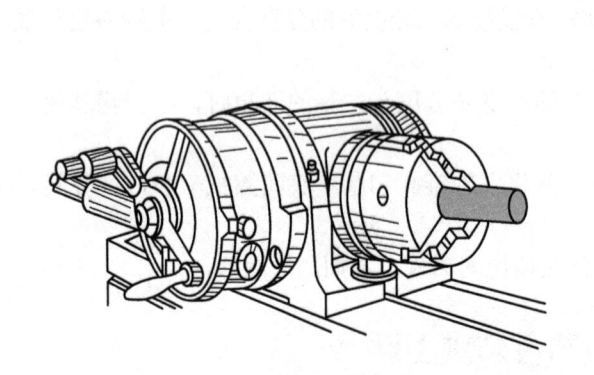

图 6-14　工件在三爪自定心卡盘上的装夹　　　　图 6-15　用百分表找正工件

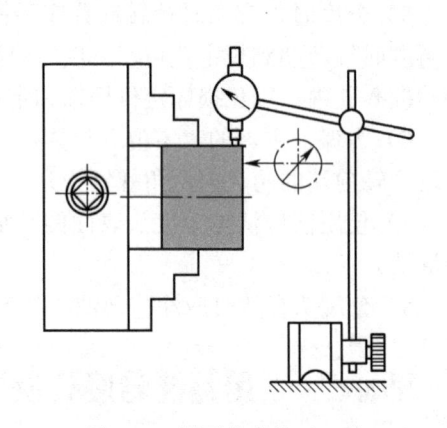

2. 用两顶尖装夹工件

用两顶尖装夹工件如图 6-16 所示。

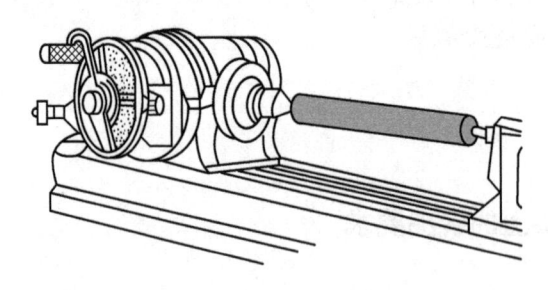

图 6-16　用两顶尖装夹工件

在装夹工件前，应先找正分度头和尾座。其方法如下：

1）将长 300mm 的 Morse NO4 锥度检验心轴放入主轴锥孔内。

2）用百分表找正心轴 a 处的圆跳动。

3）摇动纵向和横向工作台，使百分表通过心轴上母线，测出 a 和 a' 处的高度误差，如图 6-17 所示。

4）根据情况，并通过调整分度头主轴角度，使 a 和 a' 两点的高度相等。

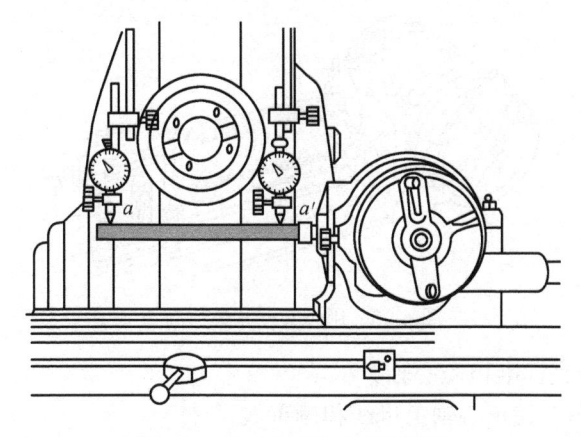

图 6-17　找正分度头主轴上母线

5）将百分表置于心轴侧母线处并指向轴心，如图 6-18 所示，移动纵向工作台，测出 b 和 b' 两点的读数误差，并调整分度头，使两点的读数一致。

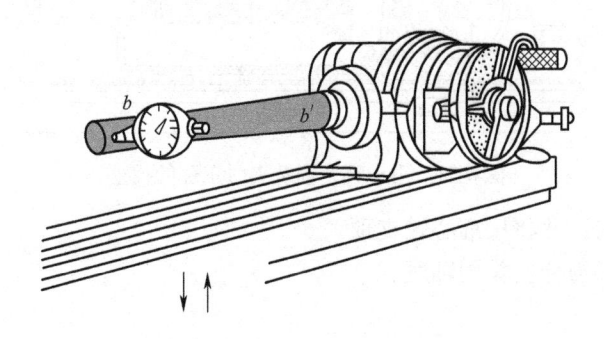

图 6-18　找正分度头侧母线

6）顶上尾座顶尖，按如图 6-19 所示进行检测并找正。如检测读数值不变，说明尾座与分度头主轴同轴。如读数值不一致，则只要找正尾座。

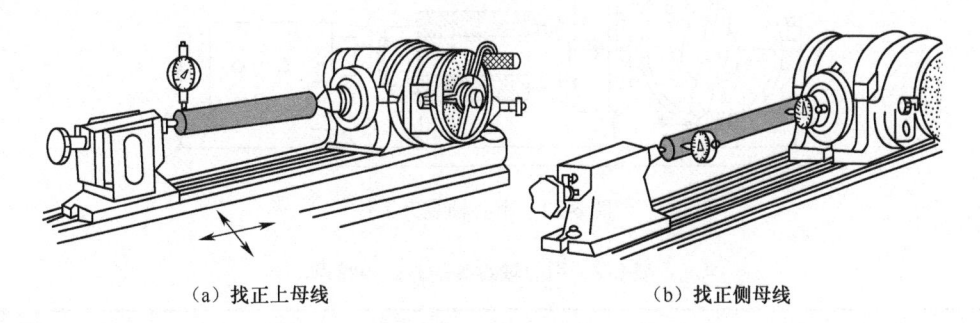

（a）找正上母线　　　　　　　　　　　（b）找正侧母线

图 6-19　找正尾座

3．用一夹一顶装夹工件

用一夹一顶装夹工件如图 6-20 所示，其找正方法如下：

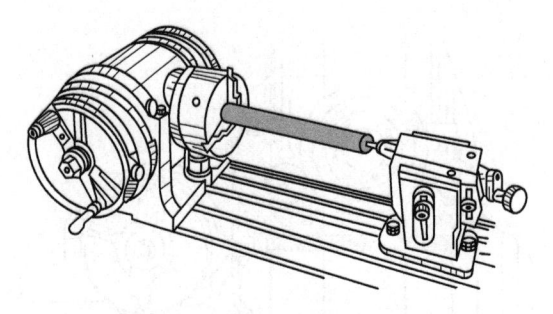

图 6-20 用一夹一顶装夹工件

1）用三爪卡盘装夹标准检验心轴。
2）如图 6-21 所示，找正心轴上母线和侧母线。

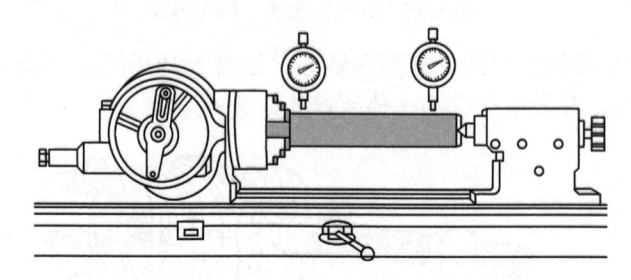

图 6-21 用一夹一顶装夹时工件的找正

3）安装尾座顶尖，并将标准心轴支顶。
4）找正尾座顶尖与分度头同轴度。

4．用心轴装夹

用心轴装夹工件如图 6-22 所示，其方式与特点见表 6-2。

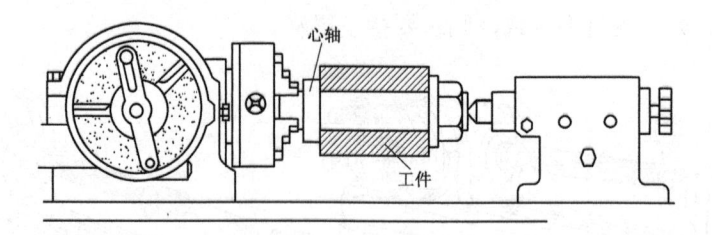

图 6-22 用心轴装夹工件

表 6-2 用心轴装夹的方式与特点

装夹方式	图　解	特　点	适　用
两顶尖		工件内孔与心轴配合准确，两端面平行且与内孔垂直，易于保证工件与主轴的同轴度	适用于多件或较长的套类工件
一夹一顶		装夹方便，铣削刚性较好，但同轴度找正困难	

续表

装夹方式	图　解	特　点	适　用
心轴卡盘		心轴结构简单，但当主轴倾斜角度较大时，机床工作台升降距离受到影响，铣削时刚性较差	适用于较短的套类工件
锥度心轴		工件内孔与心轴配合准确，且主轴能倾斜角度	

三、注意事项

工件在装夹找正时应注意以下几点：

1）应根据工件的形状和加工要求，选择合适的装夹方法。
2）找正用的标准心轴的形位公差和尺寸精度应符合要求。
3）应擦净分度头主轴锥孔与锥度心轴锥柄，减小配合误差，提高找正精度。
4）找正上母线或侧母线时，不得用手锤敲击检验心轴与分度头尾座。
5）找正上母线或侧母线时，百分表的测量杆应垂直指向工件的轴心线，且测量头压紧程度要适当，不能压得太多或太少，以免读错数值或测量不准确。

活动三　用简单分度法加工多面体

技能活动目标

1. 掌握分度的方法。
2. 掌握多面体零件的铣削方法。
3. 能分析多面体零件铣削的质量问题。

技能活动内容

一、分度方法

1. 简单分度法

简单分度法是最常用的分度方法，也称为单式分度法，分度时先把分度盘固定，转动手柄使蜗杆带动蜗轮旋转，从而带动主轴和工件转过所需的等分或度数。

手柄的转数与工件圆周等分数的关系如下：

$$n = \frac{40}{z}$$

式中　　n——分度手柄转数；
　　　　40——分度头定数；
　　　　z——工件等分数。

如在 FW125 型分度盘上铣削 $z=56$ 的直齿轮，则每铣完一齿后分度手柄应摇转的转数 $n=\dfrac{40}{56}=\dfrac{5}{7}$。显然，FW125 型分度头是没有 7 的孔圈的。因此，当计算所得分度手柄转数为分数时，可使分子和分母同时缩小或扩大一个整数倍，使最后得到的分母值为分度盘上所具有的孔圈数，即 $n=\dfrac{40}{56}=\dfrac{5}{7}=\dfrac{5\times 7}{7\times 7}=\dfrac{35}{49}$。由此算出每铣完一个齿后，分度手柄应在 49 的孔圈上转过 35 个孔距。

2．角度分度法

角度分度法是以工件所需要的角度 θ 为计算依据来分度的。万能分度头的传动比是 1:40，因此，摇柄转一转，工件转动 1/40 转，也就是转动了 9°（360°/40）故而得：

$$1:n=9°:\theta$$

$$n=\dfrac{\theta}{9°}$$

或者

$$n=\dfrac{\theta}{540'}$$

式中　　n——摇柄的转数
　　　　θ——工件所要转动的角度，°或′。

3．差动分度法

用简单分度法时，常会碰到工件等分数 z 和 40 不能相约，或者工件等分数 z 和 40 相约后分度盘上没有所需要孔圈的情况，如 67、71、91、103 等，这时就不能采用简单分度法了，可采用差动分度法来解决。

（1）差动分度原理

差动分度就是在分度中手柄和分度盘同时顺时针或逆时针转动，通过它们之间的转数差来进行分度。如图 6-23 所示，为使分度手柄和分度盘同时转动，就需要在分度头主轴后锥孔处和侧轴都安装交换齿轮 z_1、z_2、z_3、z_4。这时，手柄实际转数并不是所摇的孔距数。若分度盘与手柄转动的方向相同，则实际转数就比摇过的转数多。如果转动方向相反，则实际转数就比摇过的转数少。

（a）不加中间轮　　　　　　　　　　（b）加中间轮

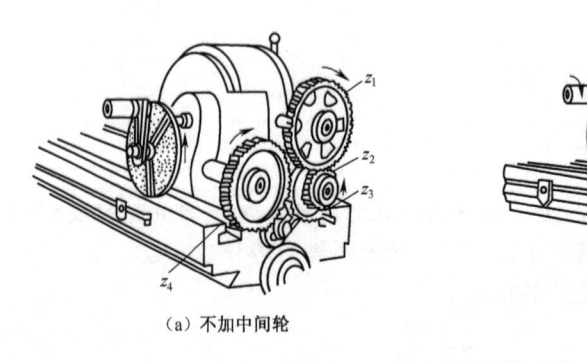

图 6-23　差动分度交换齿轮

图 6-24 (a) 中在不加中间轮时，$X=X_1+Y$（转动方向相同）；图 6-24 (b) 中加入中间轮时，$X=X_1-Y$（转动方向相反）。这说明，分度盘转动的多少和转动方向是由交换齿轮来决定的。

(a) 转动方向相同时　　(b) 转动方向相反时

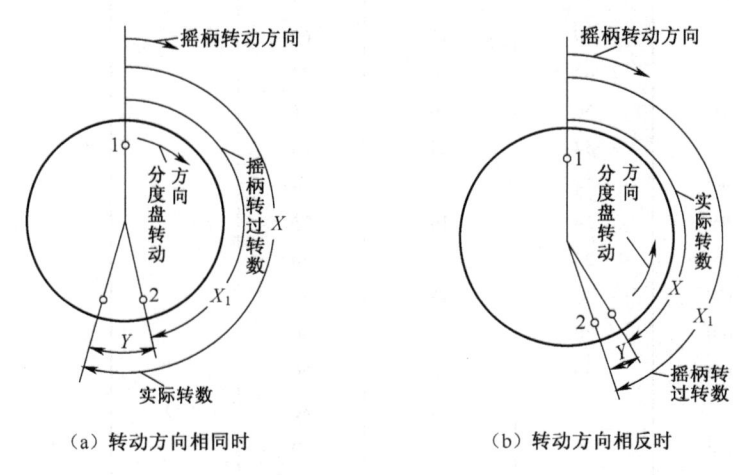

图 6-24　差动分度原理

(2) 差动分度的计算

差动分度的实质就是选取假定的齿数 z' 后，计算出交换齿轮的齿数。其操作步骤如下：

1) 假定等分数（选取假定齿数 z'）。z' 的选定原则一是能进行简单分度，二是与实际等分度接近。一般情况下，假定等分数应小于实际等分数。

2) 用假定齿数计算出摇柄应转过的转数 n'（$n'=40/z'$），并确定所选用的孔圈。

3) 按式 $\dfrac{z_1 z_3}{z_2 z_4} = \dfrac{40(z'-z)}{z'}$ 来计算交换齿轮的传动比，然后根据这个数来选择交换齿轮。

4) 若计算结果与实际有差别，则应另选 z' 重新计算。

5) 传动比计算结果的符号，说明了分度盘与摇柄转动方向的关系。当 $z'<z$ 时，为负值，则假定转角大于实际转角，分度盘与摇柄转动方向相反，也就是减去多转的角度。当 $z'>z$ 时，为正值，则假定转角小于实际转角，分度盘与摇柄转动方向相同，也就是加上不足的角度。

在实际生产中，为了方便起见，可在表 6-3 中直接查取所需的数据。

表 6-3　差动分度表（分度头传动定数为 40）

工件等分数	假定等分数	整转孔数	转过的孔距数	交换齿轮			
				z_1	z_2	z_3	z_4
61	60	30	20	40			60
63	60	30	20	60			30
67	64	21	15	90	40	50	60
69	66	66	40	100			55
71	70	49	28	40			70
73	70	49	26	60			35
77	75	30	16	80	40	40	50
79	75	30	16	80	50	40	30

续表

工件等分数	假定等分数	整转孔数	转过的孔距数	交换齿轮			
				z_1	z_2	z_3	z_4
81	80	30	15	25			50
83	80	30	15	60			40
87	84	42	20	50			35
89	88	66	30	25			55
91	90	54	24	40			90
93	90	54	24	40			30
97	96	24	10	25			60
99	96	24	10	50			40
101	100	30	12	40			100
130	100	30	12	60			50
107	100	30	12	70			25
109	105	42	16	80	30	40	70
111	105	42	16	80			35
113	110	66	24	60			55
117	110	66	24	700	55	50	25
119	110	66	24	90	55	60	30
121	120	54	18	30			90
122	120	54	18	40			60
123	120	54	18	25			25
126	120	54	18	50			25
127	120	54	18	70			30
128	120	54	18	80			30
129	120	54	188	90			30
131	125	25	8	80	30	50	25
133	125	25	8	80	50	40	25
134	132	66	20	50	55	40	60
137	132	66	20	100	25	55	30
138	135	54	16	80			90
139	135	54	16	80	30	40	90
141	140	42	12	40			70
142	140	42	12	40	50	25	70
143	140	42	12	30			35
146	140	42	12	60			35
147	140	42	12	50			25
149	140	42	12	90	25	50	70
151	150	30	8	40	50	30	90
153	150	30	8	40			50
154	150	30	8	40	60	80	50
157	150	30	8	70	30	40	50
158	150	30	8	80	30	40	50
159	150	30	8	90	30	40	50

续表

工件等分数	假定等分数	整转孔数	转过的孔距数	交换齿轮			
				z_1	z_2	z_3	z_4
161	160	28	7	25			100
162	160	28	7	25			50
163	160	28	7	30			40
166	160	28	7	60			40
167	160	28	7	70			40
169	160	28	7	90			40
171	168	42	10	50			70
173	168	42	10	100	35	25	60
174	168	42	10	50			35
175	168	42	10	50			30
177	176	66	15	40	55	25	80
178	176	66	15	40	55	50	80
179	176	66	15	60	55	50	80
181	180	54	12	40	90	25	50
182	180	54	12	40			90
183	180	54	12	40			60
186	180	54	12	40			30
187	180	54	12	40	60	70	30
189	180	54	12	50			25
191	180	54	12	80	60	55	30
193	192	24	5	30	90	50	80
194	192	24	5	25			60
197	192	24	5	100	30	25	80
198	192	24	5	50			40
199	192	24	5	70	30	50	80

注：此表数据均是以假定等分数小于实际等分数计算出来的，在选择交换齿轮的中间轮时，必须使分度盘与手柄的转向相反。此表适用于定数为 40 的任何型号的万能分度头。

二、多面体的铣削

1. 用立铣刀铣削四方螺钉

用立铣刀铣削四方螺钉如图 6-25 所示。

其操作步骤如下：

1) 擦净分度头底面和铣床工作台台面，将分度头安装在铣床工作台台面上。

2) 用三爪卡盘装夹工件，如图 6-26 所示。

3) 选择并安装立铣刀，注意，所选立铣刀的直径要大于四方螺钉头的长度。

4) 启动铣床，使铣刀与工件轻轻接触，使工作台上升一面余量的一半，试铣一刀。

5) 将分度手柄转过 20 转，即将工件旋转 180°（每转 9°，20 转为 180°），铣削出对边尺寸并进行测量，铣削深度和长度的控制可参照图 6-27 所示进行。

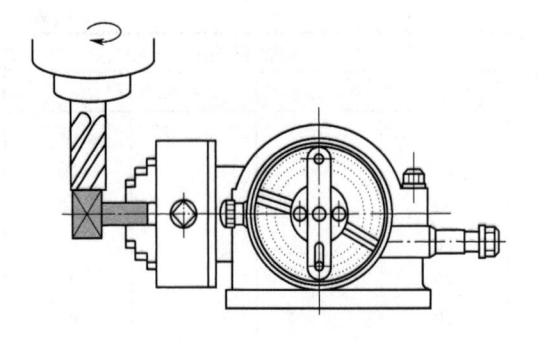

图 6-25　用立铣刀铣削四方螺钉 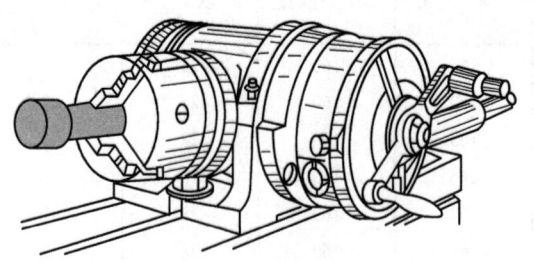　　　　图 6-26　工件的装夹

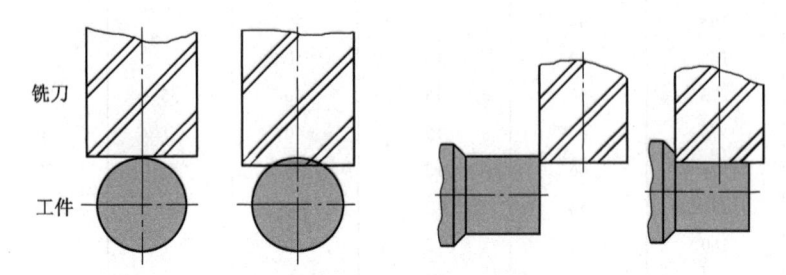

图 6-27　铣削深度和长度的控制

6）根据测量的尺寸，使工作台上升测量剩余余量的一半，依次分度将四面铣削完。

7）检测工件，合格后取下工件。

2. 用组合铣刀铣削六角螺钉

用组合铣刀铣削六角螺钉如图 6-28 所示。

其操作方法如下：

1）将分度头安装在便于工作的位置，并根据公式 $n=\dfrac{40}{z}$ 计算出分度手柄所需转数（$n=\dfrac{40}{6}=6\dfrac{2}{3}=6\dfrac{20}{30}$）。

2）选择两把直径相同的三面刃铣刀（铣刀的直径能将螺钉头部铣完），使两把铣刀间距等于六角螺钉对边尺寸，如图 6-29 所示，安装在铣刀杆上。

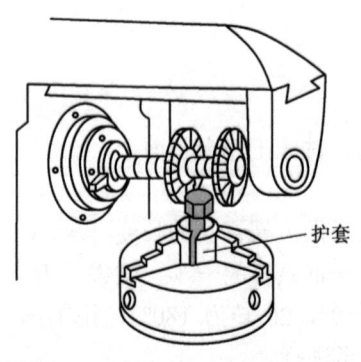

图 6-28　用组合铣刀铣削六角螺钉 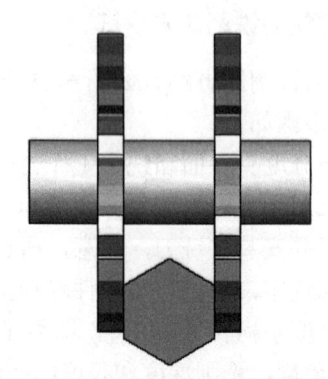　　　　图 6-29　组合铣刀间距等于六角螺钉对边尺寸

3）将工件装夹在三爪卡盘内，将组合铣刀两侧刃中心基本对正工件中心，试铣一刀后测量工件。

4）将工件转动180°后再试铣第二刀。

5）测量试铣尺寸。两次试铣测量尺寸差值的一半即为组合铣刀中心与分度头主轴中心的偏差。

6）调整工作台，向第二次铣削未铣削到工件的一侧移动，移动量为两次试铣尺寸差值的一半，铣削出两个平行面。

7）依次转动工件60°，铣削出其余四面。

8）用万能角度尺检测工件，如图6-30所示，合格后取下工件。

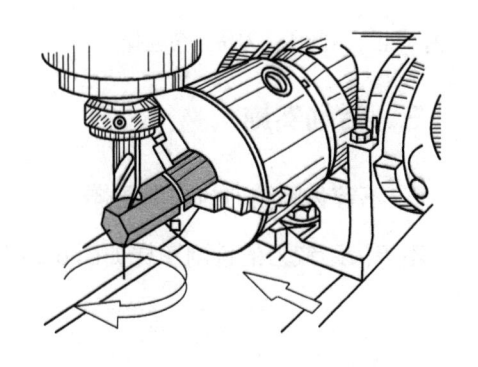

3．用立铣刀铣削六面棱柱

用立铣刀铣削六面棱柱如图6-31所示。其操作方法如下：

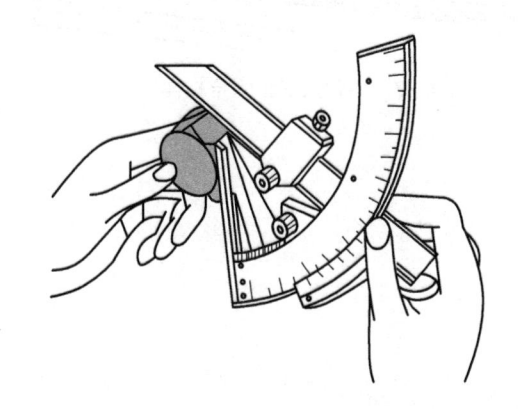

图6-30　用万能角度尺检测工件　　　　图6-31　用立铣刀铣削六面棱柱

1）在工件表面贴一层薄纸。

2）开动机床，摇动纵、横向手柄，使铣刀接近铣削位置。

3）垂向上升工作台，使立铣刀的端面齿刃刚好擦到薄纸，在垂向手柄刻度盘上做记号。

4）退出工件，然后再垂向上升工作台一个铣削层深度。

5）摇动纵、横向手柄，使铣刀处于工件端面中间。再缓缓摇动纵向手柄，使立铣刀的圆周齿刃刚好擦到工件端面，然后在纵向手柄刻度盘上做记号。

6）横向退出工件，根据记号，工作台纵向移动棱柱长度尺寸后，锁紧纵向进给，横向进给铣削出一面。

7）将分度手柄转过20转，即将工件旋转180°，铣削出对面。

8）检测，并根据情况进行调整，再铣削。每铣削完一个面，分度手柄在66孔圈上转过6转又44个孔距。依次铣削完棱柱六面。

4．用圆柱铣刀铣削六角柱体

用圆柱铣刀铣削六角柱体如图6-32所示。
其操作方法如下：

1）选择合适的铣刀并安装在铣刀杆上。

2）安装分度头与尾座，并找正分度头主轴轴线与尾座轴线。

3）计算分度头手柄转数，调整定位插销位置与分度叉之间的孔数。
4）一夹一顶装夹工件。
5）对刀进行试铣。
6）将铣完的一端调至分度盘装夹，按如图 6-33 所示方法将六角柱体加工面找正垂直。
7）将分度手柄转过 10 转，使垂直面处于水平位置。
8）调整铣削深度，使接刀处没有明显的接刀痕迹，依次将各面铣完。

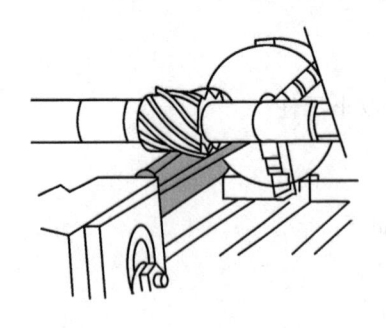

图 6-32　用圆柱铣刀铣六角柱体　　　　　图 6-33　用角尺找正六角柱体

三、活动实施

1. 不等齿距铰刀的铣削图样

不等齿距铰刀的铣削图样如图 6-34 所示。

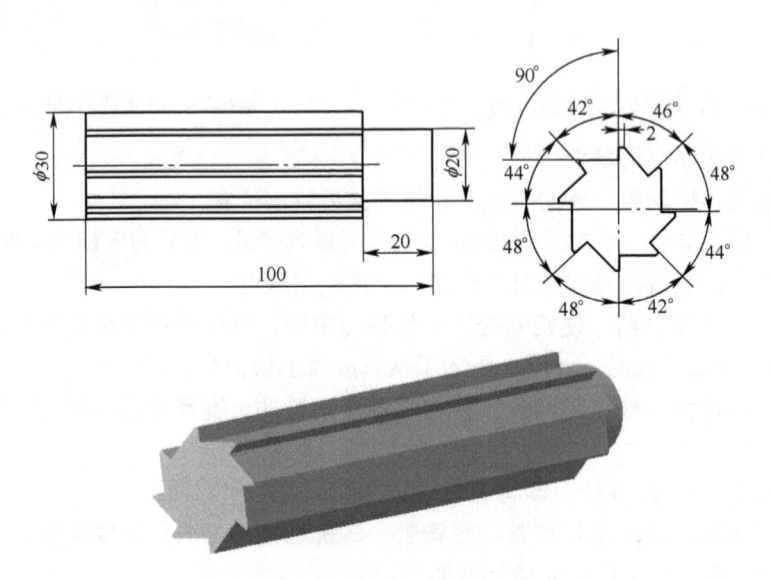

图 6-34　不等齿距铰刀的铣削图样

2. 不等齿距铰刀的铣削工艺准备

不等齿距铰刀的铣削工艺准备见表 6-4。

表 6-4　不等齿距铰刀的铣削工艺准备

内　容	准　备　说　明	图　示
毛坯	工件毛坯为 45# 钢棒料，铰刀形体部分 ϕ30mm×80mm 和柄部 ϕ20mm×20mm 已加工完成	
铣刀的选择	选用 ϕ100mm×20mm 三面刃铣刀	
设备的选用	设备选用卧式铣床	

3．不等齿距铰刀的铣削加工

不等齿距铰刀的铣削加工操作见表 6-5。

表 6-5　不等齿距铰刀的铣削加工操作

步　骤	操　作　说　明	图　解
安装分度头	将分度头和尾座安装在铣床工作台面上，找正上母线、侧母线在 0.03mm 以内	
装夹工件	用一夹一顶方式装夹工件，并进行找正	
试铣	先用高度尺在工件上划出中心线，然后对刀进行试铣	

续表

步　骤	操 作 说 明	图　解
铣削不等齿距	铣削出第一个齿槽（42°）后，将工件转过180°，铣削出对应的 42°齿槽。然后按此方法铣削其余齿槽	

四、铣削质量分析与注意事项

1．工件形位公差超差

（1）产生原因
1）分度不准。
2）摇错手柄圈数或孔距。
3）工件用千斤顶支承时顶力过大，顶弯工件。
4）一夹一顶装夹工件时未找正。

（2）解决措施
1）认真计算分度手柄所应转过的圈数。
2）认真操作，如果手柄转过了，应消除分度间隙再转至所需孔距。
3）认真调节千斤顶支顶力。
4）一夹一顶装夹应找正分度头主轴轴线与尾座轴线。

2．注意事项

1）记分度盘的孔数时，定位插销的孔不计算在内。
2）分度手柄一般应顺时针扳转，如果转过定位孔，应消除间隙后重新分度。
3）加工较长零件时，中间应用千斤顶支承，且支承力应适当。
4）用尾座顶尖时，支顶力要适当，以防止将工件顶弯。

项目七　花键轴的铣削和刻线

花键轴与齿轮花键孔配合使用,在机床、汽车等机械传动中作为变速机件广泛应用,如图 7-1 所示。花键轴的种类很多,按齿廓的形状可分为矩形齿、梯形齿、渐开线齿和三角形齿。在铣床上以铣削矩形花键轴为多见。

图 7-1　花键轴及其应用

活动一　花键轴的铣削

技能活动目标

1. 了解花键轴的技术要求。
2. 掌握花键轴工件安装和校正的方法。
3. 掌握矩形花键轴的铣削方法。
4. 掌握花键轴的检测方法。
5. 能分析铣削中出现的质量问题。

技能活动内容

一、花键轴的定心方式和技术要求

1. 花键轴的定心方式

矩形花键轴的定心方式有内径定心、外径定心和键侧定心三种,如图 7-2 所示。

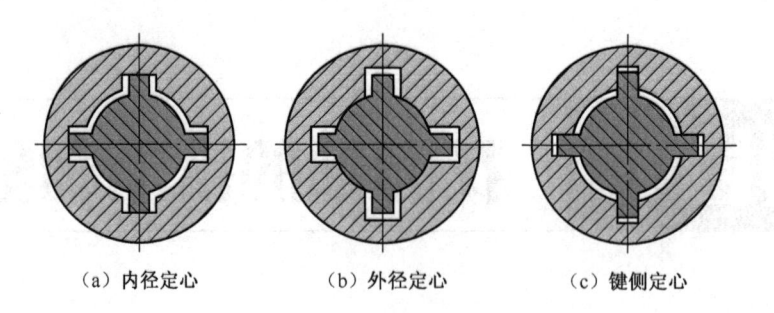

(a) 内径定心　　　　(b) 外径定心　　　　(c) 键侧定心

图 7-2　花键轴的定心方式

2. 花键轴的技术要求

1) 花键轴的各键应等分于工件圆周。
2) 花键键宽两侧应对称于工件轴心线，且平行于工件轴心线。
3) 花键键宽及大径、小径尺寸应在图样要求的公差以内。
4) 各加工表面的表面粗糙度应符合图样规定的要求。

二、花键轴的铣削方法

1. 用单刀铣削花键轴

（1）工件的装夹

1) 安装分度盘和尾座。
2) 工件采用一夹一顶装夹，如图 7-3 所示。

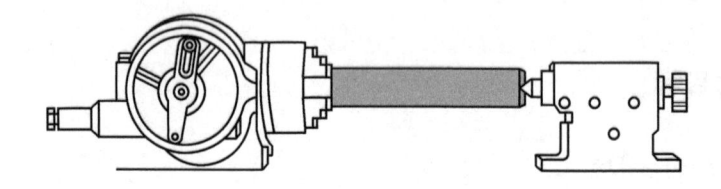

图 7-3　一夹一顶装夹工件

3) 用百分表找正工件两端径向圆跳动和工件上素线与工作台台面的平行度、侧素线与纵向工作台进给方向的平行度，如图 7-4 所示。

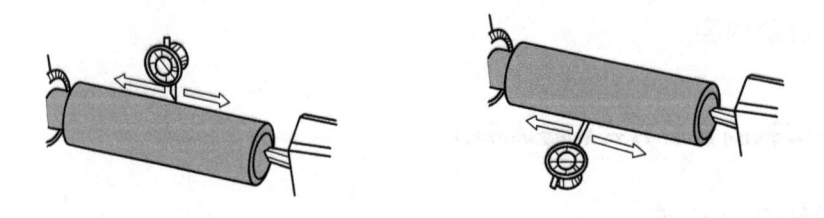

图 7-4　用百分表找正工件

对于细长轴，找正之后还应在长度中间位置下面用千斤顶支承，如图 7-5 所示。

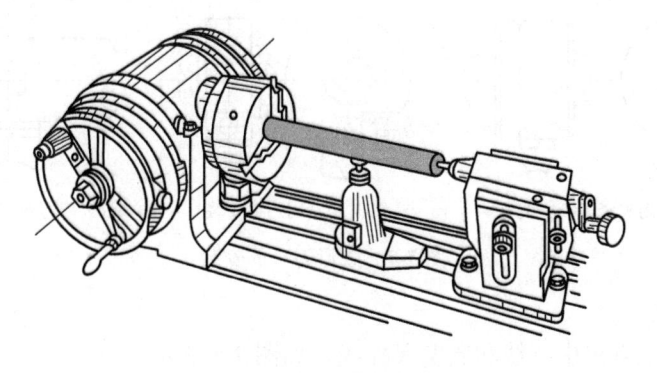

图 7-5　用千斤顶支承

（2）铣刀的选择与安装

1）铣刀的选择。

花键轴的铣削分为中间槽的铣削和键侧的铣削，因此花键键齿侧面的铣削应选择外径尽可能小、宽度适当的标准三面刃铣刀，槽底圆弧小径的铣削则选择锯片铣刀或成形刀头。

为保证在铣削中不伤及邻键齿，三面刃铣刀的宽度必须得到限制，铣刀最大宽度可按下式计算：

$$L' = d'\sin[180°/N - \arcsin(B/d')]$$

式中　L'——铣刀最大宽度，mm；

　　　d'——花键轴留磨小径，mm；

　　　N——花键轴齿数；

　　　B——花键轴键宽，mm。

成形刀头采用高速钢车刀条在工具磨床上进行刃磨或由操作者在普通砂轮机上刃磨，如图 7-6 所示。

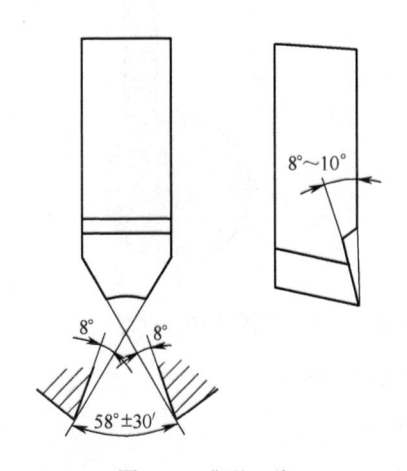

图 7-6　成形刀头

2）铣刀的安装。

三面刃铣刀安装在铣刀杆上，其旋向为逆时针，并保证铣刀径向圆跳动小于 0.05mm；成形刀头的安装方法有三种，如图 7-7 所示。

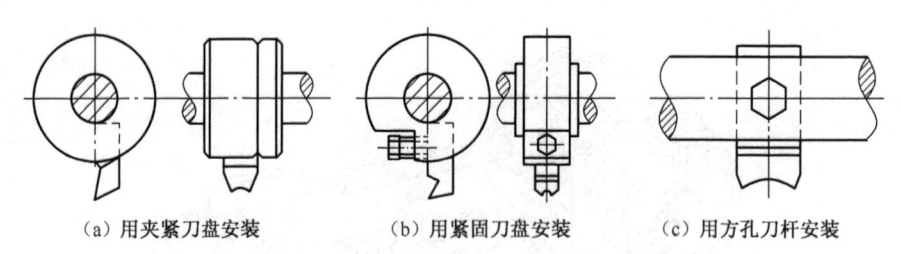

(a) 用夹紧刀盘安装　　(b) 用紧固刀盘安装　　(c) 用方孔刀杆安装

图 7-7　成形刀头的安装

(3) 铣削方法

1) 先在工件上划出中心线和键宽尺寸线，如图 7-8 所示。

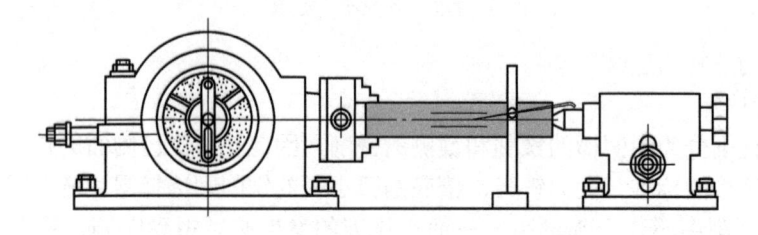

图 7-8　划线

2) 将键宽线转至工件上方并与铣刀相对，如图 7-9 所示。

3) 摇动各工作台手柄，使三面刃铣刀的端刃距离键宽线一侧 0.3～0.5mm，对刀，使铣刀轻轻划着工件，如图 7-10 所示。

4) 出工件，根据切深 H 调整垂向工作台上升高度，如图 7-11 所示。H 可按下式计算：

$$H = \frac{(D-d)}{2} + 0.5$$

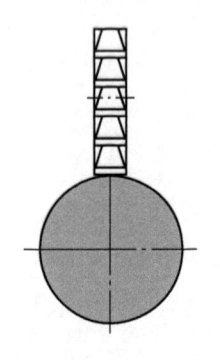

图 7-9　铣刀与工件键宽线相对　　图 7-10　对刀　　图 7-11　调整切深

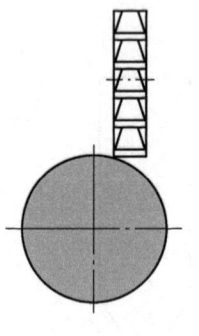

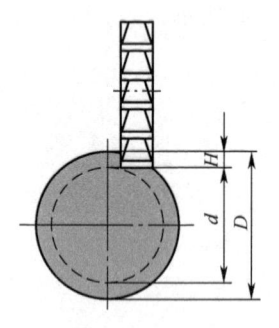

式中　H——工作台垂向上升高度，mm；

　　　D——花键轴大径，mm；

　　　d——花键轴小径，mm。

5) 如图 7-12 所示，先铣削出键侧 1。

6) 将工件转过 180°，铣削出键侧 2，如图 7-13 所示。

7) 退刀，横向移动工作台一个距离 $A[A=B+b+2\times(0.3～0.5)]$，铣削出键侧 3，如图 7-14 所示。

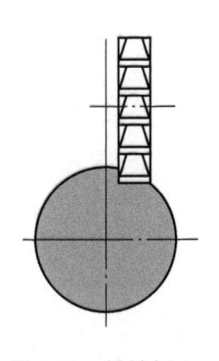

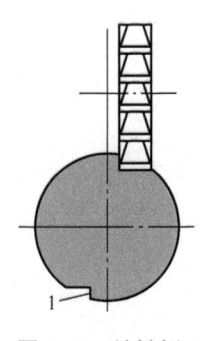

图 7-12　铣键侧 1　　　　　图 7-13　铣键侧 2　　　　　图 7-14　铣键侧 3

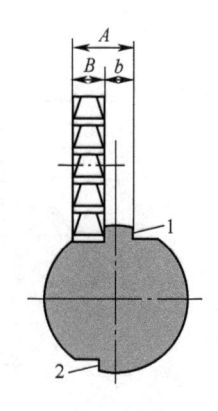

8）退出工件并将其转过 90°，用杠杆百分表测量键侧 1 和键侧 3 的高度，如图 7-15 所示。若高度一致，说明花键对称于工件中心；若不一致，则按高度差值的一半调整横向工作台位置，并将工件转过一个齿重新铣削后进行检测，直至合格为止。

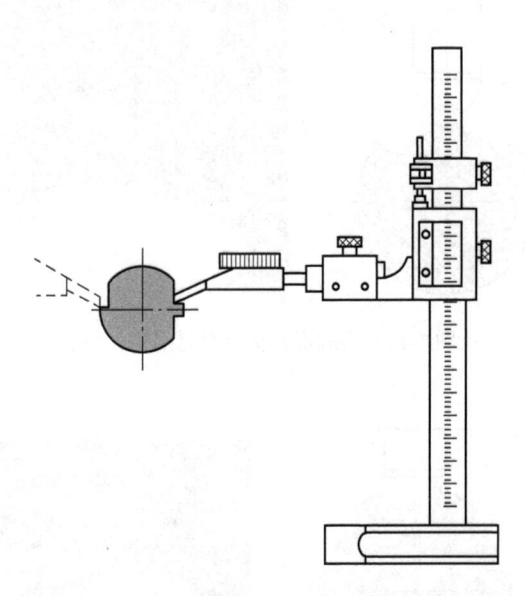

图 7-15　用百分表检测键侧 1 和键侧 3 的高度

9）花键试铣合格后，锁紧横向工作台，按图 7-16 所示的顺序依次铣削成各键，然后用百分表检测。

10）换装成形刀头，调整各工作台手柄，使花键槽两肩部同时与刀头圆弧相接触，即对正中心，如图 7-17 所示。然后将工件转过 1/2 的花键等分角，使花键小径与成形刀头圆弧相对，试铣后铣削出槽底圆弧小径，如图 7-18 所示。

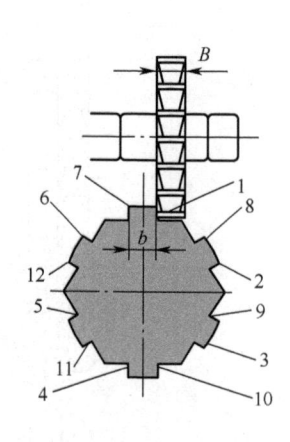

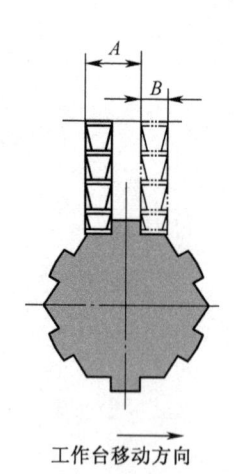

(a) 铣削键侧1、2、3、4、5、6　　　　(b) 移动横向工作台铣削键侧7、8、9、10、11、12

图 7-16　铣削花键的顺序

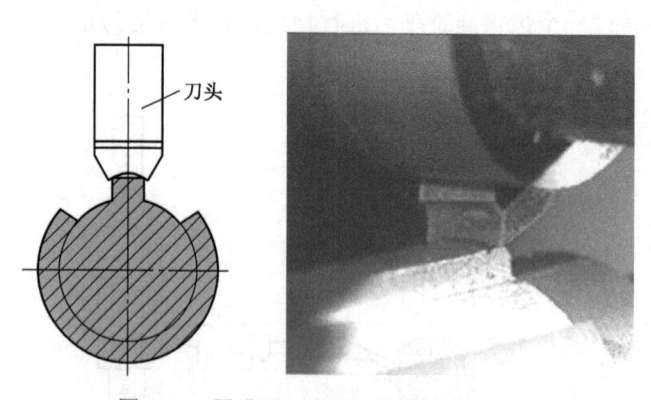

图 7-17　用成形刀头圆弧对准工件中心

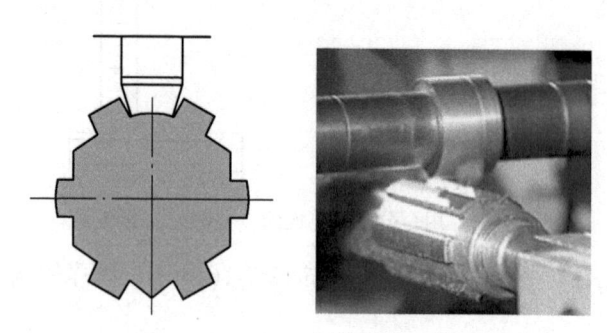

图 7-18　用成形刀头铣削圆弧小径

槽底圆弧小径有时也采用锯片铣刀铣削完成。铣削前应使锯片铣刀对准工件中心，如图 7-19（a）所示，然后使工件转过一个角度，调整好切深，如图 7-19（b）所示，开始铣削槽底圆弧小径。每完成一次走刀，将工件转过一些角度后再次走刀，直至将槽底凸起的余量铣去，如图 7-19（c）所示。

(a) 对中心　　　(b) 调整切深　　　(c) 铣削槽底圆弧小径

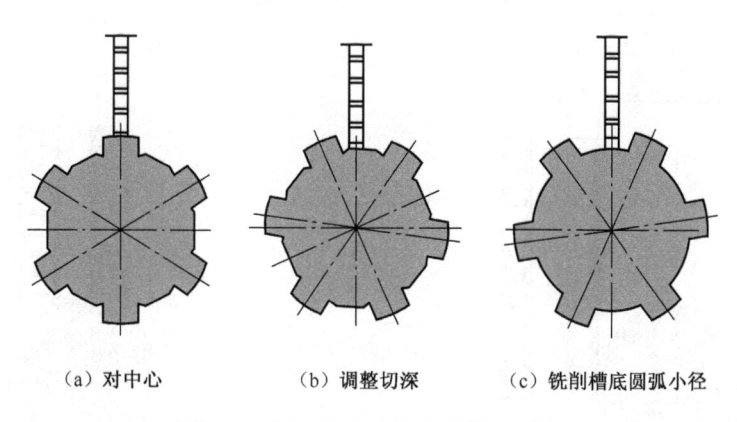

图 7-19　用锯片铣刀铣槽底圆弧小径

2. 用组合铣刀铣削花键轴

用组合铣刀铣削花键轴如图 7-20 所示，将两把宽度和直径相同的三面刃铣刀按要求安装在一根铣刀杆上，同时铣削出两个键侧。这种方法不仅提高了加工效率，而且很好地保证了键宽尺寸。

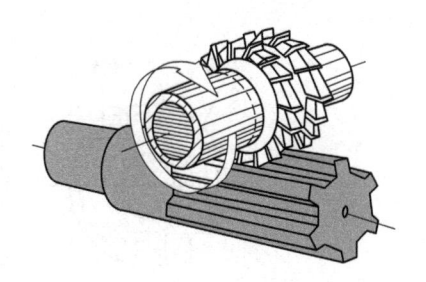

图 7-20　用组合铣刀铣削花键轴

用组合铣刀铣削花键轴时，可采用侧面接触对刀法对刀。当铣刀的一个侧面刃与工件的侧面微微接触后，移动横向工作台一个 A 的距离，如图 7-21 所示。移动距离 A 可按下式计算：

$$A = \frac{D}{2} + B + \frac{b}{2}$$

式中　A——工作台横向移动距离，mm；
　　　D——花键轴大径，mm；
　　　B——三面刃铣刀的宽度，mm；
　　　b——键宽，mm。

对刀完成后，锁紧横向工作台，即可进行铣削，每铣削完一个花键齿，利用分度摇柄分度后依次铣削，如图 7-22 所示。铣削时要控制好工作台垂向上升切深。键侧铣削好后，用成形铣刀将槽底圆弧小径铣削出，如图 7-23 所示。

在批量铣削花键轴时，可使用硬质合金组合铣刀来进行铣削，铣削时将硬质合金铣刀夹持在铣刀盘上，如图 7-24 所示。铣削时的铣削速度 v_c 可达 120m/min，铣后表面粗糙度值 R_a 可达 1.6～0.8μm。

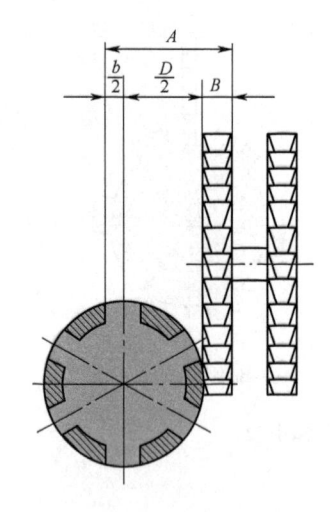

图 7-21　侧面接触对刀法

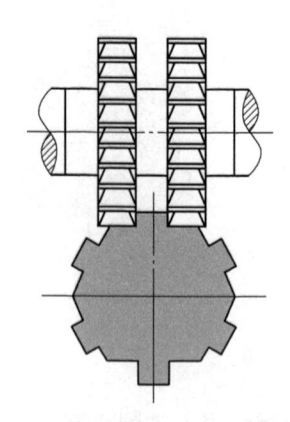

图 7-22　用组合铣刀铣削键侧

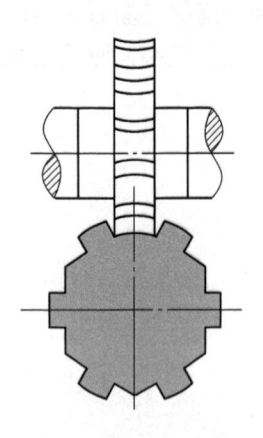

图 7-23　用成形铣刀铣削槽底圆弧小径

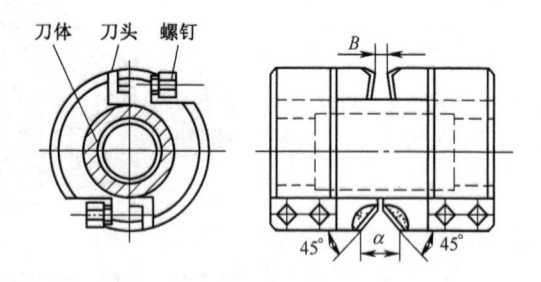

图 7-24　铣刀盘

3. 用花键成形铣刀铣削花键轴

用花键成形铣刀铣削花键轴如图 7-25 所示。由于花键成形铣刀制造与刃磨都较为困难，因此，这种方法适用于大批量铣削生产。

用花键成形铣刀铣削花键轴时可采用划线对中心法对刀。先在工件圆周上划出两条与刀尖距离相等且对称于工件中心的宽度线，再使铣刀的两刀尖与两条线对正，即对好中心，如图 7-26 所示。

用花键成形铣刀铣削花键轴时也可采用切痕对刀法，对刀前先划出工件中心线，并将其转至上方，目测使成形铣刀两刀尖与已划出的中心线两边距离一样，然后铣削出两个小刀痕，观察刀痕大小，若大小一样，则两边与中心线的距离相等，如图 7-27（a）所示。对好中心后，调整切深，留 0.5mm 精铣余量，铣削出第一个齿槽，如图 7-27（b）所示。然后退出工件，使键侧 1 和键侧 2 处于水平位置，用杠杆百分表分别测量键侧 1 和键侧 2 高度，如图 7-27（c）所示，如果两次读数值相同，则铣刀中心对正工件中心；如果两次读数值不同，表示中心位置没对正，就要进行修正。修正值 S 可按下式计算：

$$S = \Delta \times K$$

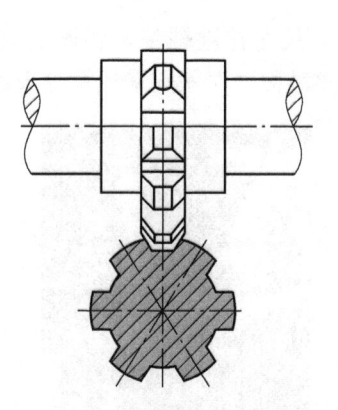

图 7-25 用花键成形铣刀铣削花键轴

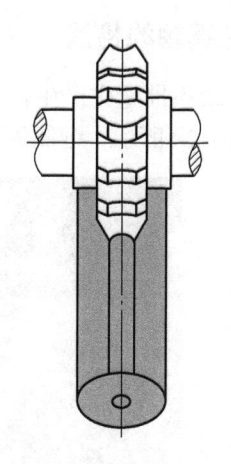

图 7-26 划线对中心法

式中　S——工作台横向偏移量，mm；
　　　Δx——两键侧对称度误差，mm；
　　　K——系数，按表 7-1 选取。

（a）切痕对中　　（b）试铣　　（c）测量键侧1和键侧2

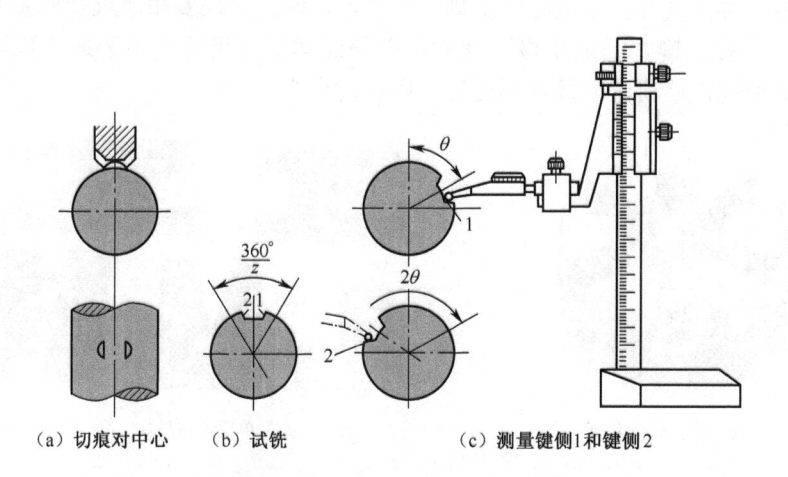

图 7-27 用花键成形铣刀铣削花键轴时试铣对中心

表 7-1 花键成形铣刀铣削花键轴系数

花键轴齿数	4	6	8	10	16
系数 K	0.707	0.577	0.541	0.526	0.510

调整修正时，应使读数值大的键侧多铣削去一些。

中心位置调整好后，锁紧横向工作台，留少许精铣余量，铣削出第一个键，再测量键宽，并按下式计算出工作台的修正上升量 t，调整到要求切深，依次分度铣削出其余各键。

$$t = \Delta B \sin \alpha$$

式中　t——工作台修正上升量，mm；
　　　ΔB——花键宽度的单侧余量，mm；
　　　α——花键等分角。

三、花键轴的检测

在单件或小批量生产中,一般用游标卡尺、千分尺对花键轴键宽和槽底圆弧小径进行检测,如图 7-28 所示。键侧面对工件轴线的平行度和对称度误差则采用百分表进行检测。

图 7-28　键宽和槽底圆弧小径的检测

在成批和大量生产中,则采用综合量规和单项止端量规结合的检测方法。花键综合量规和单项止端量规如图 7-29 所示,检测时,同时测量出花键的大径、小径,以及键宽的对称度、同轴度与等分度等。花键综合量规只有通端,因此,还要用单项止端量规(卡规)分别检测大径、小径、键宽的最小极限尺寸,以保证其实际尺寸不小于最小极限尺寸。检测时,综合量规通过,单项止端量规不通过,则花键合格。

（a）花键综合量规 　　　　　　　（b）单项止端量规

图 7-29　花键综合量规和单项止端量规

四、活动实施

1. 花键轴铣削图样

花键轴铣削图样如图 7-30 所示。

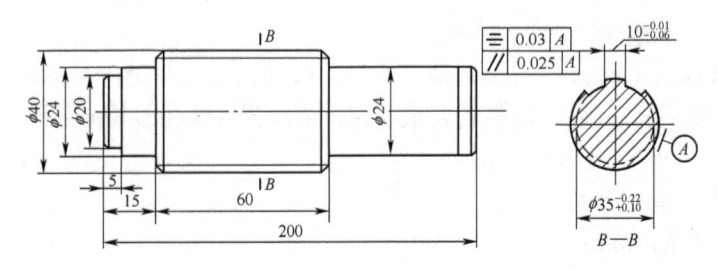

图 7-30　花键轴铣削图样

2. 花键轴铣削工艺准备

花键轴铣削工艺准备见表 7-2。

表 7-2 花键轴铣削工艺准备

内 容	准 备 说 明	图 示
毛坯	工件毛坯为 45#钢棒料，各外形已加工完成，只铣削花键	
铣刀的选择	根据要求选用 ϕ90mm×10mm 的三面刃铣刀和 R17.5mm 的成形刀头	
设备的选用	设备选用卧式铣床	
铣削用量的选择	选择进给量 f=23.5mm/min，主轴转速粗铣时 n=175rpm	

3. 花键轴的铣削加工

工件的铣削加工操作见表 7-3。

表 7-3 工件的铣削加工操作

步 骤	操 作 说 明	图 解
装夹工件	工件采用一夹一顶装夹，并校正外圆径向跳动（应在 0.05mm 以内）和上母线与工作台台面的平行度，以及侧母线与工作台纵向进给方向的平行度（均应在 0.03mm/200mm 以内）	
划线	按要求用高度尺在工件上划出中心线和键的宽度尺寸线	

续表

步骤	操作说明	图解
对刀	将工件旋转 90°，使划线处于工件上方，采用试切对刀，找正中心，并根据情况调整中心偏移量，保证键的对称度在 0.03mm 以内	
铣削键侧	锁紧横向工作台，用三面刃铣刀铣削出各键侧，保证键宽 $10_{-0.06}^{-0.01}$	
铣削小径	换装成形刀头，并对正中心，试铣，确定切深后铣削出槽底圆弧小径 $\phi 35_{-0.10}^{-0.22}$	

五、花键轴铣削的质量分析与注意事项

1. 键宽尺寸超差

（1）产生原因

1）测量错误。

2）横向移动工作台时，摇错刻度或未消除传动间隙。

3）铣刀杆垫圈不平行，致使铣刀侧面圆跳动量过大。

4）分度差错。

（2）解决措施

1）认真、多次测量，仔细读数。

2）当手柄摇过头时，不能直接退回至所需的刻线处，应将手柄退回一转后，再重新摇至所需刻线处。

3）铣刀安装后应检查其圆跳动，误差应在 0.02mm 以内。

4）认真分度，并在摇动手柄时注意其传动间隙影响。

2. 对称度超差

（1）产生原因

1）对刀不准。

2）横向移动工作台时，摇错刻度或未消除传动间隙。

3）未找正工件同轴度。

（2）解决措施

1）采用切痕对刀法找正中心。

2）摇动手柄时注意其传动间隙影响。

3）校正外圆径向跳动和上母线与工作台台面的平行度，以及侧母线与工作台纵向进给方向的平行度。

3．注意事项

1）工件两端的径向圆跳动应小于0.03mm。

2）铣削键侧时，齿侧深度应留齿侧加深量0.4mm左右，以保证铣削槽底圆弧小径或磨削时有退刀的位置。

3）用组合铣刀铣削花键轴时，两把三面刃铣刀的外径必须相同，且铣刀间距必须等于花键轴的键宽。

4）注意分度，防止分度错误或未消除分度间隙而引起等分不准。

5）注意工件装夹，防止尾座顶尖因未顶紧而使工件产生松动，造成废品。

活动二　刻线

技能活动目标

1. 掌握刻线刀的刃磨方法。
2. 掌握在平面、圆周面、圆锥面上刻线的方法。
3. 学会用主轴挂轮法进行直线间隔刻线。
4. 能分析刻线中出现的质量问题。

技能活动内容

刻线是指通过手动进给使工作台纵向（或横向）移动，再用刻线刀配合分度头在工件的相应表面上刻出分量准确、线条清晰、均匀整齐的角度线、圆周等分线或直尺的线条。

一、刻线刀

1．刻线刀的角度

刻线刀一般是利用废键槽铣刀、中心钻、锯片铣刀或高速钢车刀条等磨制而成的。一般前角 $\gamma_0=0°\sim8°$，刀尖角 $\varepsilon_r=45°\sim60°$，后角 $\alpha_0=6°\sim10°$，如图7-31所示。

2．刻线刀的刃磨

刻线刀可在普通砂轮机上刃磨。其刃磨的方法如下：

1）刃磨左侧刀面。两手握刀，前刀面向上，刀体左侧

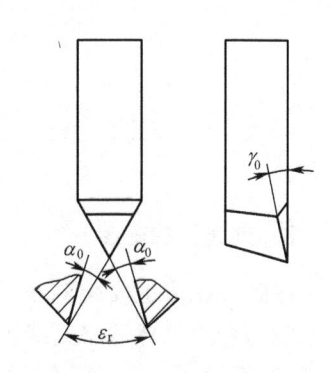

图7-31　刻线刀的角度

面与砂轮圆周面相交成约 25°夹角，刀体自然向上倾斜 8°左右，左右移动磨出，如图 7-32 所示。

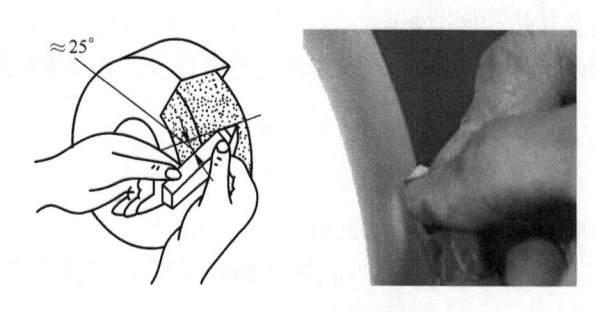

图 7-32 刃磨左侧刀面

2）刃磨右侧刀面。两手握刀，前刀面向上，刀体右侧面与砂轮圆周面相交成约 25°夹角，刀体自然向上倾斜 8°左右，左右移动磨出，如图 7-33 所示。

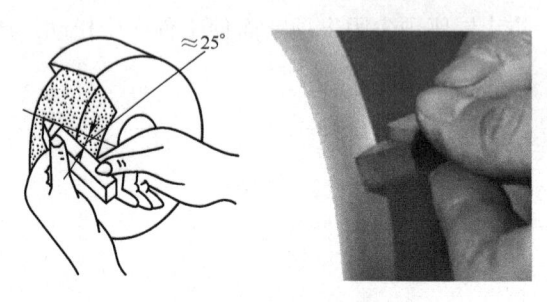

图 7-33 刃磨右侧刀面

3）刃磨前刀面。两手握刀，刀体水平放置，前刀面靠向砂轮圆周面，使柄部向前倾斜约 7°左右，磨出前刀面，如图 7-34 所示。

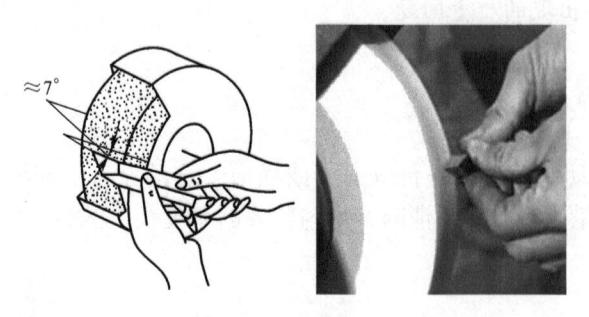

图 7-34 刃磨前刀面

4）研磨。在油石上涂上少量润滑油，用油石研磨刀面，注意保持刃口锋利，如图 7-35 所示。

3. 刻线刀的安装

在卧式铣床上安装刻线刀，可采用如图 7-36 所示的刀夹安装。安装时，先将刀夹安装在铣刀杆上，然后将刻线刀插入刀夹方孔内，再用螺钉锁紧，然后用垫圈和螺母紧固，如图 7-37 所示。在立式铣床上，可采用铣刀夹头、弹性套等，将用废旧键槽铣刀等改制成的刻线刀安装在立铣头主轴锥孔中，如图 7-38 所示。

项目七　花键轴的铣削和刻线

图 7-35　研磨刻线刀刀面

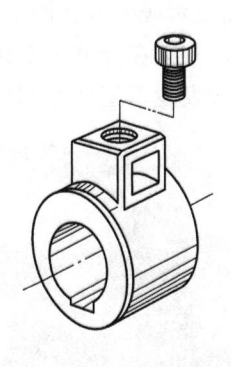

图 7-36　刻线刀安装刀夹

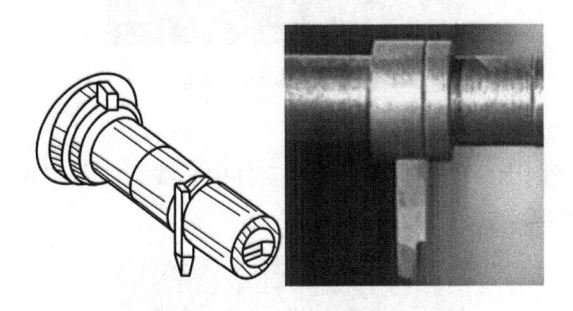

图 7-37　刻线刀的装夹

图 7-38　刻线刀在立式铣床上的装夹

二、刻线的方法

1. 在圆周面上刻线

在圆周面上刻线如图 7-39 所示。刻线时，工件安装在分度头主轴前端的三爪卡盘上，分度头主轴呈水平位置。安装后应找正工件外圆柱面的圆跳动，应在 0.03mm 以内。带孔工件刻线时，可用心轴装夹，并找正心轴的圆跳动。

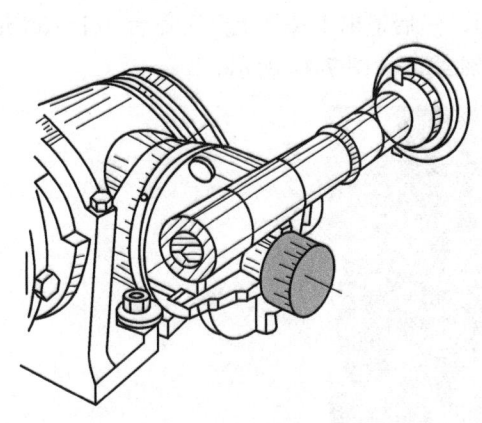

（a）在卧式铣床上进行圆周刻线 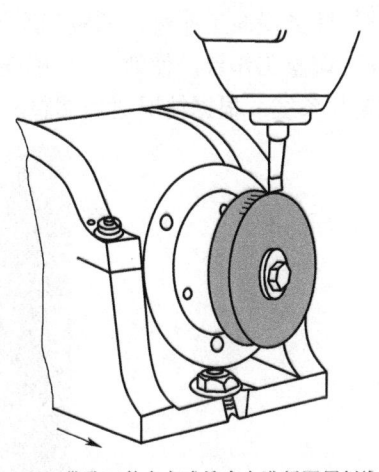　　　　（b）带孔工件在立式铣床上进行圆周刻线

图 7-39　在圆周面上刻线

在圆周面上刻线的方法如下(以用三爪卡盘装夹在立式铣床上刻线为例)。

1)将工件安装在分度头主轴前端的三爪卡盘上,如图 7-40 所示。

2)用百分表找正工件外圆柱面圆跳动,如图 7-41 所示。

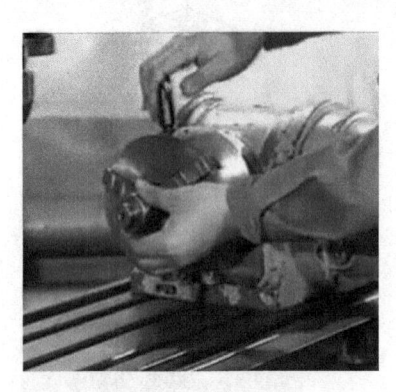

图 7-40　工件的装夹　　　　　　　　图 7-41　圆跳动的找正

3)用高度尺在工件上划出中心线,如图 7-42 所示。

4)安装刻线刀,将工件旋转 90°,使划线向上,并使刻线刀对准工件中心线,如图 7-43 所示。

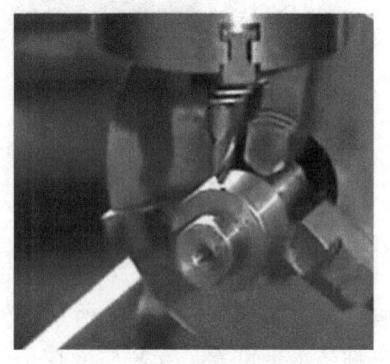

图 7-42　划中心线　　　　　　　　图 7-43　刻线刀对中心

5)锁紧横向工作台,调整刻线长度。

6)调整工作台,使刻线刀刀尖轻划工件表面,然后退出工件,上升工作台 0.1~0.15mm 并试刻几条线。根据情况适当调整,然后按要求刻线,如图 7-44 所示。

图 7-44　刻线

2. 在圆锥面上刻线

在圆锥面上刻线如图 7-45 所示。刻线时，工件安装在分度头主轴前端的三爪卡盘上（或用心轴装夹）。分度头按图样要求扳转一个角度 θ，使工件上的刻线表面平行于工件台台面，然后依靠工作台纵向进给将线刻出，其刻线过程与在圆周上刻线相同。

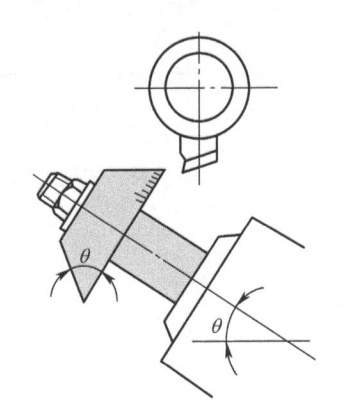

图 7-45　在圆锥面上刻线

3. 在平面上刻线

在平面上刻线也称直线间隔刻线，刻线时，工件采用平口钳装夹，如体形较大，可用压板压紧在工作台台面上，使工件的刻线方向与工作台的进给方向平行，如图 7-46 所示，同时找正刻线平面与工作台台面的平行度。

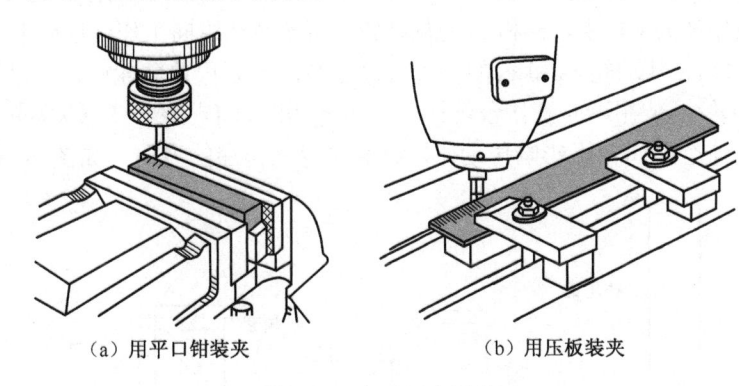

（a）用平口钳装夹　　（b）用压板装夹

图 7-46　在平面上刻线

当精度要求不高时，可直接利用纵、横向工作台刻度盘来控制工作台移动的距离，完成平面工件上的直线间隔刻线。其对刀方法为：工件装夹找正后，使刻线刀的刀尖与工件侧面对齐，调整横向工作台，通过其刻度盘控制不同刻线长度，然后再使刻线刀刀尖与工件端面对齐，调整好纵向工作台刻度盘，控制直线间隔距离，如图 7-47 所示。以上工作完成后，可调整刻线深度，用纵向工作台分度，用横向工作台进给，刻出所有线条。

当刻线精度要求较高时，或者刻线间隔是小数值时，应采用主轴挂轮法进行刻线。主轴挂轮法是将分度头主轴经配换挂轮，与纵向工作台丝杠连接，摇动分度头手柄，经齿轮带动工作台丝杠转动，使工作台完成直线移动距离的分度工作，其传动路线如图 7-48 所示。

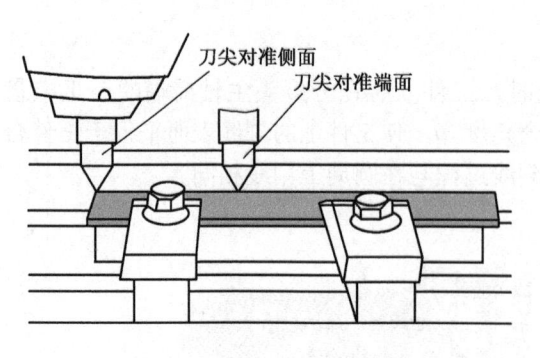

图 7-47 直线间隔刻线的对刀

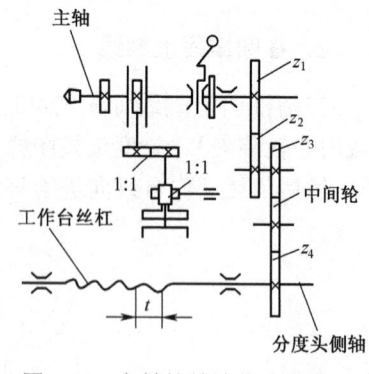

图 7-48 主轴挂轮法传动路线

（1）挂轮的计算

挂轮的计算公式如下：

$$\frac{z_1 z_3}{z_2 z_4} = \frac{40t}{np}$$

式中　z_1，z_3——主动轮齿数；

　　　z_2，z_4——从动轮齿数；

　　　40——分度头定数；

　　　t——直线间隔距离，mm；

　　　n——每分一格分度头手柄转数（一般取 n 为小于 10 的整数）；

　　　p——纵向工作台丝杠螺距，mm。

（2）挂轮的安装

配换齿轮在挂轮轴和挂轮架上的安装如图 7-49 所示。当采用复式轮时，齿轮 z_1 和 z_3 为主动轮，可安装在分度头主轴上，z_2 和 z_4 为从动轮，可安装在纵向工作台丝杠上，如图 7-50 所示，主动轮 z_1 和 z_3、从动轮 z_2 和 z_4 的位置可以互换。当采用单式轮时，主动轮 z_1 装在分度头主轴上，从动轮 z_2 装在纵向工作台丝杠上，在 z_1 和 z_2 间安装一任意齿数的中间轮，起连接和传动作用，这个中间轮不影响传动比，只影响运动传递的方向，如图 7-51 所示。

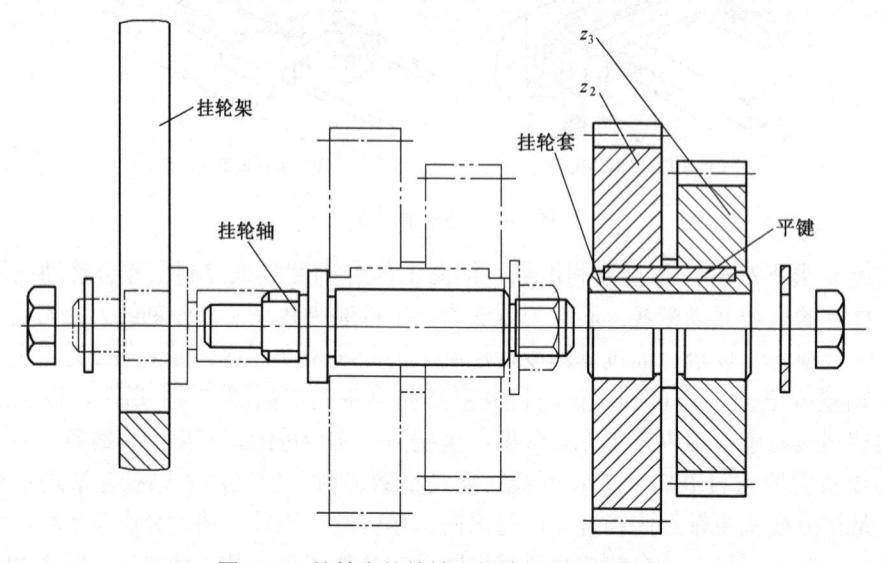

图 7-49 挂轮在挂轮轴和挂轮架上的安装图

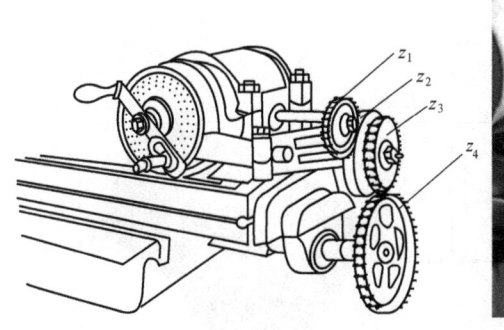

图 7-50　复式轮系

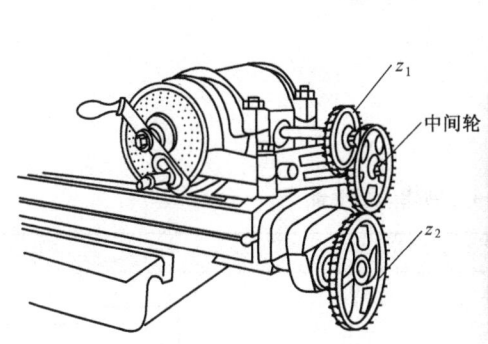

图 7-51　单式轮系

4．在圆柱端面上刻线

在圆柱端面上刻线时，工件的装夹、找正、分度计算等与在圆周上刻线的方法相同，不同的是刻刀的安装，如图 7-52 所示。

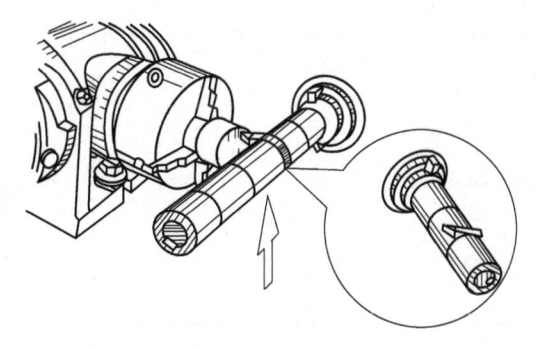

图 7-52　在圆柱端面上刻线

三、活动实施

1．刻线图样

刻线图样如图 7-53 所示。

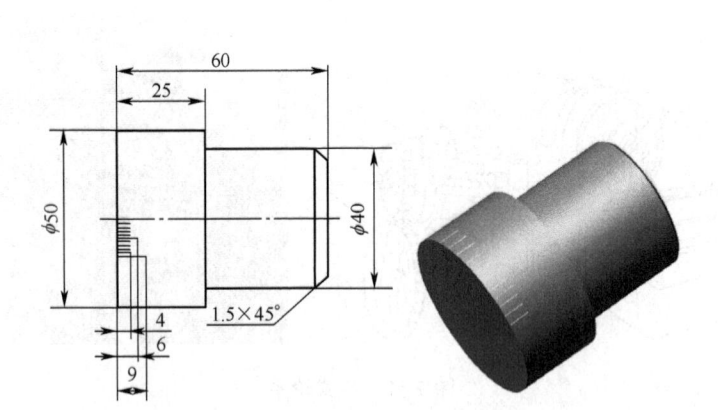

图 7-53 刻线图样

2. 刻线工艺准备

刻线工艺准备见表 7-4。

表 7-4 刻线工艺准备

内　容	准备说明	图　示
毛坯	工件毛坯为 45#钢棒料，各外形已加工完成，只要在圆周上刻 60 条等分线	
铣刀的选择	选用前角 $\gamma_0=5°$，刀尖角 $\varepsilon_r=60°$，后角 $\alpha_0=10°$ 的高速钢条磨制而成的刻线刀	
设备的选用	设备选用卧式铣床	
分度头手柄转数计算	$n=\dfrac{40}{z}=\dfrac{40}{60}=\dfrac{2}{3}=\dfrac{44}{66}$ 即每刻一条线后，分度头手柄应在 66 孔圈上转过 44 个孔距	

3. 刻线加工

刻线加工操作见表 7-5。

表 7-5 刻线加工操作

步骤	操作说明	图解
装夹工件	工件采用分度头上的三爪自定心卡盘装夹（装夹后应检查工件径向圆跳动，应在 0.03mm 以内）	
划线	调整刻线位置，将高度尺调整至 125mm，在工件的两侧分别划出一条线，再将分度头转过 180°，用高度尺再划一次，如果两次划线重合，说明划线位置准确	
对刀	手摇手柄 10 转将分度头转过 90°，使划线处于上方，将刻线刀刀尖对准划出的线，再紧固横向工作台	
刻线	摇动纵向工作台，使刻线刀处于刻线部位，垂向微微上升，使刀尖与外圆刚好接触，在垂向刻度盘上做记号，下降工作台，纵向退出工件。垂向工作台上升 0.1mm 左右，刻出长线。刻完一条线后，分度头手柄在 66 孔圈上摇过 44 个孔距，再分别刻出短线和中线	

四、刻线时的质量分析与注意事项

1. 刻线粗细不均匀

（1）产生原因
1）工件圆跳动过大。
2）工作时，刻线刀产生位移或中途磨损。
3）未找正工件上平面。

(2) 解决措施

1) 工件安装后应找正外圆柱面的圆跳动，应在 0.03mm 以内。

2) 及时更换刀具。

3) 找正工件上平面与工作台台面的平行度。

2. 刻线长短不一致

(1) 产生原因

1) 摇错刻度盘手柄。

2) 操作中机床刻度盘松动。

(2) 解决措施

1) 谨慎操作，看清刻度。

2) 调整刻度盘间隙并做好记号。

3. 刻线不等分

(1) 产生原因

1) 分度错误或分度叉孔数调整错误。

2) 分度头传动间隙未消除。

3) 摇错刻度。

(2) 解决措施

1) 认真计算。

2) 消除分度头传动间隙。

3) 谨慎操作，看清刻度。

4. 线条毛刺过大

(1) 产生原因

1) 刻刀磨损，不锋利。

2) 刻线刀安装时与进给方向不垂直。

(2) 解决措施

1) 更换刻线刀，保持刀具锋利。

2) 注意刻线刀安装位置。

5. 注意事项

1) 刻线的深度随刻线刀刀尖角、工件材料性质和刻线疏密的不同而变化，因此应按加工要求选用合理的刀具角度等。

2) 应保证刻线刀的锋利程度。

3) 进行刻线时应切断机床电源。

4) 将主轴转速调至最低挡，并将主轴转速开关换至停止位置，以防止刻线时刀具转动。

参 考 文 献

[1] 王兵.《铣工》[M]. 武汉：湖北科学技术出版社，2009.
[2] 周成统.《铣工工艺与技能训练》[M]. 北京：人民邮电出版社，2009.
[3] 张培均.《铣工生产实习》[M]. 北京：中国劳动出版社，2004.
[4] 邱言龙，王兵.《铣工入门》[M].2版. 北京：机械工业出版社，2008.

反侵权盗版声明

电子工业出版社依法对本作品享有专有出版权。任何未经权利人书面许可，复制、销售或通过信息网络传播本作品的行为；歪曲、篡改、剽窃本作品的行为，均违反《中华人民共和国著作权法》，其行为人应承担相应的民事责任和行政责任，构成犯罪的，将被依法追究刑事责任。

为了维护市场秩序，保护权利人的合法权益，我社将依法查处和打击侵权盗版的单位和个人。欢迎社会各界人士积极举报侵权盗版行为，本社将奖励举报有功人员，并保证举报人的信息不被泄露。

举报电话：（010）88254396；（010）88258888
传　　真：（010）88254397
E-mail：dbqq@phei.com.cn
通信地址：北京市万寿路173信箱
　　　　　电子工业出版社总编办公室
邮　　编：100036